T0194730

essentials

Essentials liefern aktuelles Wissen in konzentrierter Form. Die Essenz dessen, worauf es als „State-of-the-Art" in der gegenwärtigen Fachdiskussion oder in der Praxis ankommt. Essentials informieren schnell, unkompliziert und verständlich

• als Einführung in ein aktuelles Thema aus Ihrem Fachgebiet
• als Einstieg in ein für Sie noch unbekanntes Themenfeld
• als Einblick, um zum Thema mitreden zu können

Die Bücher in elektronischer und gedruckter Form bringen das Expertenwissen von Springer-Fachautoren kompakt zur Darstellung. Sie sind besonders für die Nutzung als eBook auf Tablet-PCs, eBook-Readern und Smartphones geeignet.

Essentials: Wissensbausteine aus den Wirtschafts, Sozial- und Geisteswissenschaften, aus Technik und Naturwissenschaften sowie aus Medizin, Psychologie und Gesundheitsberufen. Von renommierten Autoren aller Springer-Verlagsmarken.

Chirine Etezadzadeh

Smart City – Stadt der Zukunft?

Die Smart City 2.0 als lebenswerte
Stadt und Zukunftsmarkt

Dr. Chirine Etezadzadeh
Ludwigsburg
Deutschland

ISSN 2197-6708   ISSN 2197-6716 (electronic)
essentials
ISBN 978-3-658-09794-3   ISBN 978-3-658-09795-0 (eBook)
DOI 10.1007/978-3-658-09795-0

Die Deutsche Nationalbibliothek verzeichnet diese Publikation in der Deutschen Nationalbiblio-
grafie; detaillierte bibliografische Daten sind im Internet über http://dnb.d-nb.de abrufbar.

Springer Vieweg

Gedruckt auf säurefreiem und chlorfrei gebleichtem Papier

Springer Fachmedien Wiesbaden ist Teil der Fachverlagsgruppe Springer Science+Business Media
(www.springer.com)

Was Sie in diesem Essential finden können

- einen ganzheitlichen Blick auf das System Stadt als komplexen Organismus
- eine Erläuterung der gesellschaftlichen Entwicklung in Städten anhand globaler Megatrends
- eine Besprechung des Themas Digitalisierung mit einem Ausblick auf zu Erwartendes
- ein tiefergehendes Verständnis des Begriffes Smart City
- einen erweiterten Nachhaltigkeitsbegriff und einen urbanen Gestaltungsansatz mit Impulsen und Implikationen für die Produktgestaltung.

„Stadt im Gegensatz zum Land bzw. ländlichen Raum größere, verdichtete Siedlung mit spezifischen Funktionen in der räumlichen Arbeitsteilung und politischen Herrschaft, abhängig von der gesellschaftlichen Organisation und Produktionsform. Als städtische Siedlungen gelten z. B. in der Bundesrepublik Deutschland laut amtlicher Statistik Gemeinden mit Stadtrecht ab 2000 und mehr Einwohnern (Landstadt 2000–5000 Einwohner, Kleinstadt 5000–20.000 Einwohner, Mittelstadt 20.000–100.000 Einwohner, Großstadt mehr als 100.000 Einwohner)."[1]

---

[1] Quelle: Gabler Wirtschaftslexikon (o. D.). Stichwort: Stadt. http://wirtschaftslexikon.gabler.de/Archiv/9180/stadt-v9.html. Abruf am 01.01.2015.

Vorwort

Kommt es zum Thema Smart City, bewegen wir uns recht schnell in menschen-verlorenen Visionen der Ingenieurskunst oder im Bereich IT-basierter Ermäch-tigungsfantasien. Das vorliegende Essential soll diesen Zukunftsbildern einen Kontext geben. So behandelt es den Handlungsraum Stadt nicht nur als relevanten Zukunftsmarkt, sondern ebenso als Lebensraum. Dementsprechend gewährt die Ausarbeitung einerseits einen Einblick in das Themenfeld Stadt der Zukunft, kann aber ebenso einer marktnahen und kundenzentrierten urbanen Produktentwicklung dienen.

Dieses Essential gibt einen umfassenden Überblick über die sehr rege urbane Gesamtsituation. Bei all den mit seinem Umfang verbundenen Limitationen ist es gedacht, Interesse zu wecken und darauf hinzuweisen, dass Städte und die aktu-ellen gesellschaftlichen Entwicklungen unser aller Aufmerksamkeit bedürfen. Die Grundlage für diese Publikation bildet die Beratungs- und Forschungstätigkeit von Dr. Chirine Etezadzadeh sowie ihre Vorlesungsreihe „Produktentwicklung für Smart Cities". Weiterführende Informationen finden Sie unter: www.SmartCity.institute.

Inhaltsverzeichnis

Über die Autorin

 **Dr. Chirine Etezadzadeh** (Volkswirtin) denkt als branchenübergreifend arbeitende Strategieberaterin hauptberuflich über die Zukunft nach. Ihre Arbeits- und Forschungsschwerpunkte sind das Business Development und die kundenzentrierte Produktentwicklung. Spezialisiert auf die Automobilindustrie und die Energiewirtschaft führte sie ihre Arbeit über das Schnittstellenthema Elektromobilität konsequenterweise zum Thema Städte der Zukunft.

Ihre langjährige Tätigkeit für einen deutschen Premium-Automobilhersteller, einen führenden amerikanischen Automobil-Zulieferer sowie als Unternehmensberaterin in der Energiewirtschaft wurde und wird durch interdisziplinäre Forschungsaktivitäten begleitet. Im Jahr 2009 gründete sie das Unternehmen THINK and GROW consult. Seither berät sie branchenübergreifend KMUs und die Industrie in Strategiefragen. Im Sommer 2014 rief sie zudem das SmartCity.institute als Plattform für ihre Forschungsarbeit ins Leben.

Einleitung 1

Städte sind wichtig. Ihre Anzahl nimmt zu, sie breiten sich aus, erbringen den größten Teil der globalen Wirtschaftsleistung, erlangen zunehmend politischen Einfluss und sind Stellhebel im Klima-und Umweltschutz. Städte sind Märkte, deren Bedarfe ganzheitlich verstanden und in Lösungen überführt werden sollten. Vor allem aber sind Städte Lebensraum – und das für immer mehr Menschen. Sie sollten deshalb für all ihre Bewohner nachhaltig lebenswert gestaltet werden.

Eine Stadt ist vergleichbar mit einem menschlichen Organismus, in welchem viele Stoffe, Akteure und Prozesse zusammenspielen, um ihn funktionsfähig zu halten. Eine Stadt muss genährt, gereinigt, gepflegt und versorgt werden, damit sie sich gut entwickeln und ausbilden kann. Die dafür erbrachte Hingabe macht sie selbstbewusst und robust gegen verschiedene Arten von Bedrohungen. Ihr Reifen befähigt sie dazu, ihre Bedürfnisse zu erkennen, Wege zu finden, diese zu decken, schöpferisch aktiv zu werden und neue Lebendigkeit hervorzubringen. Im Folgenden erarbeiten wir uns ein tieferes Verständnis dessen, was eine gesunde Stadt der Zukunft ausmacht.

© Springer Fachmedien Wiesbaden 2015
C. Etezadzadeh, *Smart City – Stadt der Zukunft?*, essentials,
DOI 10.1007/978-3-658-09795-0_1

Die Stadt als Chancenraum

2

2.1 Herausforderungen von Städten

Was erhofft sich ein Mensch, der in eine Stadt zieht? Seien die Motive auch noch so unterschiedlich, gibt es doch seit jeher ein sie verbindendes Element: den *Zugang*. Zugang zu Arbeit, einem Auskommen, womöglich zu Wohlstand, – Marktzugang; Zugang zur Versorgung mit allem Lebensnotwendigen wie Wasser, Nahrung, einer Behausung, medizinischer Versorgung; Zugang zu Infrastrukturen: zu Elektrizität, Wärme, sanitären Anlagen, Entsorgungseinrichtungen usf.; Zugang zu Informationen, zu Wissen, zum technischen Fortschritt und mit viel Glück zu Bildung; Zugang zu anderen Menschen, zu einem sozialen, kulturellen oder religiösen Leben, zu speziellen Gruppierungen, Gleichgesinnten und Gemeinschaften oder auch zur Anonymität; Zugang zu einem Raum mit Rechten und Pflichten, mit Einrichtungen zu deren Kontrolle und nötigenfalls Instanzen zu deren Verteidigung, zu einem Raum, der ein gewisses Maß an Sicherheit, Stabilität und Planbarkeit bietet inkl. Schutz vor Bedrohungen wie Natur- oder anthropogenen Katastrophen; – die Stadt bietet einen Zugang zu Chancen, zu physischer und möglicherweise zu sozialer Mobilität und in unterschiedlichster Ausprägung (z. B. über Produkte, ein Kino, Kunden-/Lieferantenbeziehungen, Touristen, durch einen Bahnhof oder Flughafen) auch den Zugang zur großen, weiten Welt. Offenbar liegt in der Hoffnung auf Zugang einer der Gründe für die starke Zunahme der weltweiten Stadtbevölkerung, denn bereits heute leben über 50 % der Menschen in Städten, während es gemäß Schätzungen der United Nations (UN) im Jahr 2050 66 % sein sollen.[1]

---

[1] Vgl. UN/DESA (2014), S. 2.

© Springer Fachmedien Wiesbaden 2015   3
C. Etezadzadeh, *Smart City – Stadt der Zukunft?*, essentials,
DOI 10.1007/978-3-658-09795-0_2

Wenn auch häufig durch Perspektivlosigkeit veranlasst oder im anderen Extrem durch Überfluss, Langeweile oder Machtkonzentration, impliziert dieses Hoffnung-auf-Zugang-Konstrukt konsequenterweise auch die Suche. Genauer gesagt, die Suche nach dem sich möglicherweise eröffnenden Zugang, der zum Ziel wird und den es sich zu erarbeiten und bestenfalls zu erhalten gilt. So beinhaltet die Suche das Streben. Und dieses Streben steht für die grundlegendste Form der städtischen Dynamik, nämlich der ihrer Bewohner. Sie streben nach Selbsterhaltung und Selbstentfaltung, ggf. der Existenzsicherung ihrer Familien sowie nach Entwicklung und Verbesserung der Lebenssituation für sich und für andere. Dabei sind sie allerdings nicht alleine. Angesichts der Bevölkerungsdichte in Städten stehen die Stadtbewohner bei allen ihren Vorhaben unter erhöhtem Wettbewerbsdruck. Ein Aspekt, der die Bewegung des allgemeinen Strebens und damit die urbane Dynamik erheblich beschleunigt. So kann Innovation entstehen, die abhängig von den Umfeldbedingungen in positive Resultate, wie verbesserte Versorgungsleistungen, oder negative Resultate, wie skrupellosere Formen der Kriminalität, überführt werden kann.

Städte unterliegen einem ständigen Wandel. Sie sind Zentren des Wissens und der Entwicklung. So hat beispielsweise die erste industrielle Revolution – die Einführung der maschinellen Produktion, der Einsatz von Dampfmaschinen und die Nutzung von Kohle als Energieträger – in Städten der späteren Industrienationen stattgefunden. Die zweite industrielle Revolution – die automatisierte Produktion, die Massenproduktion, verbunden mit der Einführung der zentralisierten Energieversorgung und der Elektrifizierung[2] – hat ebenfalls in Städten ihren Anfang gefunden und sich im Laufe der Zeit, zusammen mit den inhärenten Problemen (Umwelt und soziale Aspekte), von den Industrienationen in die Städte weniger entwickelter Regionen der Welt verlagert. Auch die Entwicklung der Kommunikationsmedien vom Telegrafen über das Telefon, Radio und Fernsehen bis zum Internet ging von Städten aus. Und die bereits gestartete „dritte industrielle Revolution", die digitale Revolution, beginnt ebenfalls in Städten: also a) die Digitalisierung, b) die virtualisierte Dezentralisierung von Produktionsprozessen und unserer Lebenswelt sowie c) zentrale Impulse der Energiewende (wobei die Energiewende in Deutschland durchaus im ländlichen Raum debütierte). Welche Städte und Regionen in der dritten industriellen Revolution führend sein werden, ist noch unbestimmt. Doch wird sich die Führerschaft bereits in den nächsten Jahren abzeichnen.

Die Grundlage für Entwicklungen dieser Art bilden nicht nur die Bewohner der Stadt und deren Verwaltung, sondern zunächst einmal der natürliche Lebensraum, in welchen die Stadt eingebettet ist. Während Prozesse in der Natur durch „Leben-

---

[2] Vgl. Schott, D. (2006), S. 255.

digkeit – Tod/Verrottung – Weiterverwendung/Rückführung in die Lebendigkeit" in einer Art Kreislaufwirtschaft angelegt sind, gilt dies für das menschliche Produktions- und Konsumverhalten nicht. Im System Stadt zeigt sich dies in besonders drastischer Weise. Durch eine Überbeanspruchung der verfügbaren Ressourcen beuten die Bewohner von Städten die natürliche Lebenswelt aus, zerstören sie und entziehen sich damit die eigene Lebensgrundlage. Als die größten Schadstoffemittenten beschleunigen Städte den Klimawandel, dessen Folgeerscheinungen sie in besonderem Maße ausgesetzt sind.[3] Gleichzeitig haben aber gerade Städte das Potenzial, durch ihre Dichte und Struktur klima- und ressourcenschonend zu wirtschaften und durch geeignete Maßnahmen den Schutz der lebendigen Umwelt zu fördern. Diese Potenziale gilt es kurzfristig zu heben.

Die voranschreitende Urbanisierung, die dritte industrielle Revolution (inklusive der obligaten Energiewende) und allem voran die Bewahrung und Pflege der natürlichen Lebenswelt und damit der eigenen Existenzgrundlage sind drei zentrale Herausforderungen, welchen sich Städte ausgesetzt sehen. Während in weiten Teilen der Welt die Städte wachsen, sehen sich die in die Jahre kommenden und bereits urbanisierten Industrienationen mit ihren reifen Städten allerdings eher Stagnation oder sogar Schrumpfung gegenüber. Beispielsweise in Deutschland haben insb. Städte in ländlichen oder strukturschwächeren Gebieten mit Schrumpfungstendenzen bzw. dem Nebeneinander von Wachstum und Schrumpfung zu kämpfen. Die Stadtentwicklung der Industrienationen ist zudem wesentlich vom demografischen Wandel, im Sinne einer Abnahme und Alterung der Gesellschaft, gekennzeichnet, wobei die Alterung der Gesellschaft ein global zu beobachtendes Phänomen ist.[4] Weiter gefasst bezeichnet der demografische Wandel auch Aspekte wie die Zunahme von Zuwanderern (Heterogenisierung) und die Pluralisierung der Lebensstile (u. a. Singularisierung), zwei Entwicklungen, die ebenfalls weltweit das Stadtleben prägen.

2.2 Die Relevanz von Städten

Was sind die Gründe für die zunehmende *Urbanisierung*, also „die Ausbreitung und Verstärkung städtischer Lebens-, Wirtschafts- und Verhaltensweisen"[5]? Zunächst einmal ist festzustellen, dass die Weltbevölkerung rasant wächst. Im Juli 2013 umfasste sie 7,2 Mrd. Menschen. Zwischen 2005 und 2013 wuchs die Zahl

---

[3] Vgl. hierzu: Revi und Satterthwaite (2014).
[4] Vgl. UN/DESA (2013b), S. xviii f.
[5] Bähr (2011a), o. S.

jährlich in etwa um die Einwohnerzahl Deutschlands an. Selbst unter Berücksichtigung der Annahme, dass die Fertilitätsraten weiter sinken, gehen die UN davon aus, dass die Weltbevölkerung bis 2050 auf 9,5 Mrd. und bis 2100 auf 10,9 Mrd. Menschen anwachsen wird.[6] Die höchsten Wachstumsraten werden zwischen 2011 und 2030 für Afrika prognostiziert. In absoluten Zahlen wird im gleichen Zeitraum für Asien das mit Abstand stärkste Bevölkerungswachstum vorausgesagt. Die UN stellen fest, dass die Weltbevölkerung insbesondere in den weniger entwickelten Ländern (den „developing countries"[7]) wächst.[8]

Von dieser zunehmenden Anzahl an Menschen lebt ein immer größerer Teil in Städten. Nachdem der Verstädterungsgrad in den Industrienationen (den „developed countries") bereits heute bei fast 80 % liegt und bis 2050 auf 85,9 % ansteigen soll, wird in den weniger entwickelten (stark wachsenden) Regionen ein Anstieg von 46,5 % im Jahr 2011 auf 64 % im Jahr 2050 zu verzeichnen sein.[9]

Die folgenden Beispiele sollen diese Zahlen ein wenig veranschaulichen. Blicken wir beispielsweise auf Indien. Gemäß Schätzungen der UN werden dort in den nächsten 20 Jahren durchschnittlich 21 Landbewohner pro Minute in Ballungsräume ziehen. Um diesen massiven Zustrom zu bewältigen, benötigt Indien im gleichen Zeitraum ca. 500 neue Städte. In Indien werden (laut UN) zwischen 2014 und 2050 404 Mio., in China 202 Mio. Stadtbewohner hinzukommen.[10] In Bangladesch hat sich die Einwohnerzahl Dhakas von 1955 bis 2015 um 3259 % auf ca. 17,6 Mio. erhöht.[11] Diese Dimensionen sprengen die Vorstellungskraft eines Europäers und stellen einheimische Verwaltungseinrichtungen vor kaum zu bewältigende Aufgaben.

Gründe für die zunehmende *Verstädterung*, also „die Vermehrung, Ausdehnung oder Vergrößerung von Städten nach Zahl, Fläche oder Einwohnern, sowohl absolut als auch im Verhältnis zur ländlichen Bevölkerung beziehungsweise zu den nicht-städtischen Siedlungen"[12], sind neben a) dem natürlichen Bevölkerungswachstum, b) die Migration aus ländlichen Gebieten und c) die Urbanisierung

---

[6] Vgl. UN/DESA (2013b), S. xviii.

[7] "More developed regions comprise all regions of Europe plus Northern America, Australia/ New Zealand and Japan. Less developed regions comprise all regions of Africa, Asia (excluding Japan), and Latin America and the Caribbean as well as Melanesia, Micronesia and Polynesia. Countries or areas in the more developed regions are designated as 'developed countries'. Countries or areas in the less developed regions are designated as 'developing countries'." Quelle: UN/DESA (2013b), S. vii.

[8] Vgl. UN/DESA (2013b), S. xix.

[9] Vgl. UN/DESA (2012), S. 4.

[10] Vgl. UN/DESA (2014), S. 1.

[11] Vgl. UN/DESA (2002 und 2014).

[12] Bähr (2011a), o. S.

ländlicher Gebiete, während dem letzten Punkt, der Neugründung und Umklassifizierung, tendenziell geringere Bedeutung zukommt.[13]

Aufgrund dieser Entwicklungen gibt es bereits heute Städte wie Tokio mit 38 Mio. Einwohnern oder wie Delhi mit 25 Mio. Einwohnern und flächenhaft verstädterte Zonen, deren Bevölkerungszahlen darüber hinausreichen. Die Zahl der Megacities (hier: Städte mit über 10 Mio. Einwohnern) nimmt deutlich zu. Gab es 1970 lediglich zwei, gibt es heute bereits 28 Megacities, deren Zahl bis 2030 auf 41 anwachsen soll. 12 % der urbanen Bevölkerung leben schon heute in solchen Agglomerationen.[14] Trotz der starken Zunahme von Megacities sind sie allerdings nicht die erste Wahl der Stadtbewohner. Der größte Teil (fast 50 %) der urbanen Weltbevölkerung lebt in Städten mit weniger als 0,5 Mio. Einwohnern.[15]

Natürlich hat dieser Urbanisierungsprozess drastische Auswirkungen auf die Umwelt. Exemplarisch seien hier Aspekte wie die Flächeninanspruchnahme (z. B. für Verkehrs- oder Siedlungsflächen), der Verbrauch natürlicher Ressourcen (z. B. für die Wasser- und Energieversorgung), die Verunreinigung natürlicher Ressourcen (z. B. von Boden oder Gewässern), Luftverschmutzung (durch Produktion, Beheizung von Gebäuden, Verkehr etc.) und Lärmemissionen genannt. Urbanisierung führt häufig zu irreversiblem Verbrauch unserer natürlichen Lebensgrundlagen und der Zerstörung natürlicher Lebensräume sowie der Artenvielfalt. Deshalb ist es das Ziel, kompakte Städte mit einer effizienten Ressourcenökonomie zu schaffen, die auf den Bestand der Städte und den ihres Umfeldes ausgerichtet ist. Eine Zielsetzung, die im Kontext des regelmäßig ungeplanten und nicht beherrschbaren Wachstums zahlreicher Metropolen utopisch erscheint und doch unerlässlich ist.

Es kann festgehalten werden: Unabhängig davon, in welchen Teilen der Welt die Städte liegen, welche Größe und welche Voraussetzungen sie haben, ist ihnen gemein, dass sie die Bedarfe ihrer Bewohner erkennen, sich den steigenden Anforderungen anpassen und sich entsprechend transformieren müssen. Allein durch die beschriebene Datenlage wird die Relevanz von Städten ersichtlich. Städte determinieren die Zukunft und sind die Märkte der Zukunft.

---

[13] Vgl. Bähr (2011b), o. S.

[14] Vgl. UN/DESA (2014), S. 1.

[15] Vgl. UN/DESA (2014), S. 1.

2.3   Ziele von Städten

Nachdem erkannt wurde, dass eine gesunde Umwelt, die Lebensqualität der Menschen und wirtschaftliche Leistungsfähigkeit untrennbar miteinander verknüpft sind und sich gegenseitig bedingen, wird in der Regel versucht, die Stadtentwicklung an den *Prinzipien der Nachhaltigkeit* auszurichten. Als nachhaltig gilt eine Entwicklung, die Umweltgesichtspunkte gleichberechtigt mit sozialen und wirtschaftlichen Gesichtspunkten berücksichtigt[16] und „den Bedürfnissen der heutigen Generation entspricht, ohne die Möglichkeiten künftiger Generationen zu gefährden, ihre eigenen Bedürfnisse zu befriedigen und ihren Lebensstil zu wählen"[17].

Aus diesem Postulat ergeben sich für verschiedenste Städte gemeinsame Ziele, welche abhängig von den gegebenen Rahmenbedingungen mehr oder weniger stark in den Fokus gestellt werden können. Diese sind:

1. Der Schutz (i. S. v. Bewahrung) der natürlichen Umwelt, des Klimas und der Ressourcen, also der städtischen Existenzbedingungen,
2. die Sicherung der Lebensqualität bzw. die Förderung der sozialen Entwicklung der Stadt sowie
3. die Sicherung der Wettbewerbsfähigkeit bzw. der wirtschaftlichen Entwicklung der Stadt
4. … für heutige und zukünftige Generationen.

Keines der Ziele ist ohne die Berücksichtigung der anderen lebendig zu halten. Folglich darf in einer gesunden Stadt keines der Ziele vernachlässigt werden. Im Folgenden wird bezüglich des Nachhaltigkeitspostulats von den städtischen *Metazielen* gesprochen.

Wie sieht aber die Realität in den Städten aus? Die ersten Jahre des neuen Jahrtausends sind mehrheitlich und insbesondere durch die andauernde Finanz- und Wirtschaftskrise von wirtschaftlicher Stagnation und Rezession geprägt. Selbst in den aufstrebenden Ländern erreicht das Wachstum derzeit nicht mehr die gekannten Ausmaße. Es ist zudem festzustellen, dass wirtschaftliches Wachstum nicht mehr zwingend Beschäftigung und sozialen Fortschritt impliziert.[18] Die zunehmende Entkopplung des Kapitalwachstums von der Produktivität führt zu schneller wachsendem Reichtum und zu größer werdender Armut. Durch strukturelle Veränderungen wird ein größerer Teil der Bevölkerung aus dem Arbeitsmarkt oder in gering

---

[16] Vgl. Rat für Nachhaltige Entwicklung (o. D.), o. S.

[17] Lexikon der Nachhaltigkeit (o. D.), o. S.

[18] Vgl. COM GD REGIO (2011), S. VI.

qualifizierte und gering entlohnte Beschäftigungsverhältnisse bzw. in prekäre Arbeitsverhältnisse gedrängt.[19] Diese Erwerbsfähigen werden aus der Mittelschicht ausgesondert (Industrienationen) bzw. dem informellen Sektor zugeführt, welcher in weniger entwickelten Ländern einen wesentlichen Teil der Wirtschaftsleistung ausmacht und, neben all dem damit verbundenen Leid, teilweise dort städtisches Leben ermöglicht, wo staatliche oder städtische Versorgung nicht stattfindet. Wird Menschen die Existenzgrundlage entzogen (z. B. in der Landwirtschaft, der Industrie, aufgrund klimatischer Veränderungen, Terror oder Krieg) führen Angst, Armut, Perspektiv- und Arbeitslosigkeit zu internationalen Migrationsbewegungen oder zu binnenwirtschaftlicher Land-Stadt-Migration. In Städten resultiert ungeplantes und nicht beherrschbares Wachstum in innerstädtischer Segregation i. S. e. sozial-räumlichen Spaltung. Dies beeinträchtigt die „Handhabbarkeit" einer Stadt, mindert die Lebensqualität ihrer Bewohner, fördert umweltzerstörendes Verhalten und beeinträchtigt ihren wirtschaftlichen Erfolg durch immense Folgekosten. Ein sich selbst beschleunigender systemischer Prozess, der das Potenzial hat, Städte zu unbewohnbaren Molochen verkommen zu lassen bzw. Gebiete zu schaffen, die niemand betreten will. Vor diesem Hintergrund stellt sich die Frage, was mit den Menschen geschieht, die – in der Hoffnung auf Zugang – ihre Heimat aufgeben, um in die Städte zu ziehen und Arbeit zu finden, dort aber in die Perspektivlosigkeit fallen oder erbarmungslos ausgebeutet werden.

Um auf Zusammenhänge wie diese aufmerksam zu machen, welche u. a. menschenverachtende und umweltzerstörende Produktionsprozesse ermöglichen, auf welchen moderne Konsummöglichkeiten fußen, und um andererseits darauf hinzuweisen, dass alles, was in den westlichen Industrienationen Standard ist und Status demonstriert, durch die Globalisierung auch den „nachrückenden Konsumenten" zum Ziel wird, soll hier dem Postulat der Nachhaltigkeit eine weitere Dimension hinzugefügt werden. Eine Dimension, die einen kaum zu erreichenden Anspruch formuliert, der aber, ebenso wie die drei anderen Dimensionen, richtungsweisend wirken kann und bezogen auf das menschliche Konsum- und Verbrauchsverhalten der Bewusstwerdung dient. Nach Auffassung der Autorin reicht das Postulat der Nachhaltigkeit angesichts der Globalisierung, der zunehmenden Ökonomisierung und der fortgeschrittenen Umweltzerstörung nicht mehr aus. Daher soll hier das städtische Metazielsystem, wie in Abb. 2.1 dargestellt, um den Anspruch der *Verallgemeinerbarkeit* ergänzt werden. Es sollte also geprüft werden, ob Haltungen, Entscheidungen oder Handlungen sowie deren Konsequenzen auch dann nachhaltig und vertretbar sind, wenn sie in verschiedenen Kontexten durch verschiedene und/oder zahlreiche Akteure wiederholt werden.

---

[19] Vgl. COM GD REGIO (2011), S. VI.

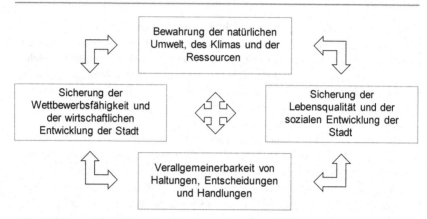

Abb. 2.1 Das städtische Metazielsystem, ergänzt um das Postulat der Verallgemeinerbarkeit. (Quelle: Eigene Darstellung)

Dies berücksichtigend sollte eine Stadt eine klare, (möglichst partizipativ) formulierte, individuelle *Vision* verfolgen, der sich alle Stadtbewohner und Akteure verpflichtet fühlen, die alle Bewohner und deren Versorgung sowie die Erhaltung und Pflege der lebendigen und natürlichen Umwelt der Stadt einbezieht und die sowohl den globalen Nachhaltigkeitszielen als auch den spezifischen Rahmenbedingungen der Stadt gerecht wird. – Dennoch wurde das alle Städte vereinende höchste städtische Ziel bislang nicht benannt.

Funktionsfähigkeit

3

3.1 Infrastrukturen

Das allem übergeordnete Ziel einer Stadt ist ihre *Funktionsfähigkeit*. Diese Funktionsfähigkeit wird maßgeblich von den Infrastrukturen bestimmt. Sie sind es, die das urbane Zusammenleben und die Verfolgung der Metaziele ermöglichen. Infrastrukturen determinieren maßgeblich die Lebens- und Arbeitsbedingungen der Stadtbewohner.

Wir befassen uns im Folgenden schwerpunktmäßig mit technischen Infrastrukturen von Städten. Ausnahmen bilden ausgewählte soziale Infrastrukturen: Lebensmittelversorgung, Gesundheit, Bildung und Dienstleistungen. Technische Infrastrukturen (fortan vereinfachend: *Infrastrukturen*) sind Stellhebel zur Bewältigung grundlegendster städtischer Herausforderungen, wichtige Forschungsfelder und relevante Zukunftsmärkte für die Industrie. Abb. 3.1 zeigt die Auswahl der hier betrachteten Sektoren im Überblick und in Zusammenschau mit den städtischen Metazielen.

Infrastrukturen müssten regelmäßig und systematisch entsprechend den jeweiligen städtischen Bedarfen überholt oder modernisiert werden, um

a. die grundlegende Versorgung der Bewohner möglichst unterbrechungs- und störungsfrei zu sichern,
b. die meist öffentlichen Güter zu lokal vertretbaren Preisen oder unentgeltlich anbieten zu können,
c. mit den technischen Entwicklungen Schritt zu halten, welche das wirtschaftliche, soziale und umweltgerechte Leben nach modernen Standards ermöglichen.

© Springer Fachmedien Wiesbaden 2015
C. Etezadzadeh, *Smart City – Stadt der Zukunft?*, essentials,
DOI 10.1007/978-3-658-09795-0_3

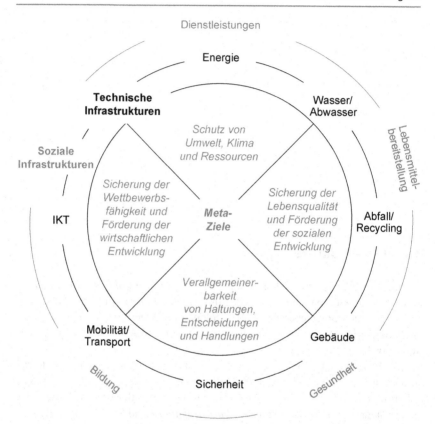

Abb. 3.1 Zusammenstellung der hier betrachteten technischen und sozialen Infrastruktursektoren sowie der städtischen Metaziele. (Quelle: Eigene Darstellung)

Je nach Zustand der Anlagen sind sie den benötigten Kapazitäten anzupassen (Ausbau- und Rückbauinvestitionen), zu sanieren (Ersatz-/Modernisierungsinvestitionen) und/oder in zeitgemäße und bedarfsgerechte Standards (Anpassungsinvestitionen) zu überführen bzw. „smart" umzugestalten. Ihr Investitionscharakter (lange Planungszeiträume), mit langer Nutzungsdauer (Kapitalbindung) und hohem Kapitalbedarf, sowie die fehlende Teilbarkeit von Infrastrukturen (erforderliche Mindestgröße/-leistung, die nicht exakt der Nachfrage entsprechen kann),[1] machen Projekte dieser Art sehr anspruchsvoll. Dies ist insbesondere angesichts der

---

[1] Vgl. Gabler Wirtschaftslexikon (o. D.), o. S.

finanziellen und wirtschaftlichen Anspannung sowie der beständiger auftretenden Forderung nach partizipativer Gestaltung der Fall.

Der Blick auf den Status und die Bedarfe im Infrastruktursektor ist erdrückend.[2] In stark wachsenden, aufstrebenden Städten, wie Lagos, Karachi oder Mumbai, fehlt es oft schon an grundlegenden Infrastrukturen. In wachsenden, sich etablierenden Schwellenstädten, wie Beijing, Seoul oder Istanbul, fehlen im Bereich der Infrastrukturen häufig die Kapazitäten, auch sind die Anlagen in Teilen veraltet. In reifen, tendenziell stagnierenden Städten, wie Tokio, New York oder London, bestehen Infrastrukturen meist bereits seit Beginn des vergangenen Jahrhunderts oder länger. Die Versorgungseinrichtungen sind dort vielfach sanierungs- und modernisierungsbedürftig, teilweise überdimensioniert, und arbeiten ineffizient.[3] Industrie- und Beratungsunternehmen sehen im Bereich der Infrastrukturen großen Anpassungsbedarf und erkennen hier einen Zukunftsmarkt, den es zu erschließen gilt.[4]

Folgen fehlender infrastruktureller Versorgung
Eine Verschleppung von Infrastrukturmaßnahmen hat regelmäßig hohe Folgekosten. Bleibt der Zugang zu den Versorgungseinrichtungen teilweise oder sogar in Gänze aus, hat dies gesellschaftliche Konsequenzen, die schwer zu beziffernde Kosten verursachen. Im Folgenden seien drei Beispiele genannt[5]:

Informelle Siedlungen ohne oder mit *unzureichender infrastruktureller Anbindung* begünstigen beispielsweise die Manipulation der Versorgungsnetze, wilde Deponien, die Verbrennung schadstoffhaltiger Materialien und Kraftstoffe, eine Verunreinigung des Lebensumfeldes, fehlende Hygienestandards oder den Konsum verunreinigten Wassers. Erkrankungen durch verunreinigtes Wasser oder ein unsauberes Lebensumfeld führen zu hohen Mortalitätsraten und bergen Seuchengefahr bei gleichzeitig fehlender Gesundheitsversorgung der oft unterernährten Bevölkerung.

Fehlende öffentliche Mobilitätsinfrastruktur kann zu massivem und teilweise unkontrolliertem Aufkommen von motorisiertem Individualverkehr führen und in der Folge zu Stau (d. h. zu gesellschaftlichen Kosten/wirtschaftlichen Verlusten), zu Verkehrsunfällen, zu Luftverschmutzung, Lärm usf.; eine fehlende Anbindung von Siedlungsgebieten (z. B. von informellen Siedlungen) führt zu gesellschaftlichem Ausschluss und zur Verstärkung von prekären Entwicklungen.

---

[2] Vgl. hierzu: Siemens AG (2006).
[3] Vgl. Siemens AG (2006).
[4] Vgl. hierzu: ZVEI (2010).
[5] Vgl. hierzu u. a.: COM DG REGIO (2011).

Fehlender Anschluss sowie fehlender Zugang zu Arbeitsplätzen bzw. existenz-
sichernden Beschäftigungsverhältnissen fördern die Entstehung eines informellen
Sektors, prekären Verhältnissen, möglicherweise Kriminalität, Terror und das organisierte Verbrechen. Fehlende Bildungs- und Betreuungseinrichtungen festigen
diese Entwicklungen. Es entstehen sozio-ökonomische Disparitäten im Stadtge-
biet. Soziale Ungleichheit und hohe Kriminalitätsraten schüren Angst. Es folgt die
soziale Entmischung: „Gated Communities" entstehen, welche den Prozess der
Ausgrenzung verstärken und Zugang verhindern. Wohnraum wird teuer. Bezahl-
barer Wohnraum wird knapp. Es kommt zur Suburbanisierung und es bilden sich
neue informelle Siedlungen.

Die Folgen der fehlenden infrastrukturellen Versorgung sind komplex, hoch-
gradig interdependent und tangieren alle Metaziele der Städte. Sie zeigen, dass
lineares Denken für die Stadtentwicklung nicht ausreicht. Die Zusammenhänge
erfordern integratives, systemisches Denken und Handeln. Aus diesem Grunde ist
im Bereich der Infrastrukturen vielfältiges disziplinäres und methodisches Spezial-
wissen notwendig, um intersektorales und interdisziplinäres Denken und Handeln
zu ermöglichen.

3.2 Kritische Infrastrukturen

Einige Infrastruktursektoren sind von besonderer Relevanz bezogen auf die Funktionsfähigkeit von Städten. Bezeichnet als *kritische Infrastrukturen*, handelt es
sich dabei um „Organisationen und Einrichtungen mit wichtiger Bedeutung für
das staatliche [bzw. städtische, d. V.] Gemeinwesen, bei deren Ausfall oder Beein-
trächtigung nachhaltig wirkende Versorgungsengpässe, erhebliche Störungen der
öffentlichen Sicherheit oder andere dramatische Folgen eintreten würden"[6].

Infrastrukturen weisen erhebliche intersektorale Abhängigkeiten auf, welche
über die rein technischen Infrastrukturen hinausgehen. Insbesondere im Bereich
kritischer Infrastrukturen kann es deshalb aufgrund von Störungen zu sogenannten
Domino- und Kaskadeneffekten kommen. Diese haben das Potenzial, gesellschaftliche Teilbereiche zum Erliegen zu bringen und, neben dem unmittelbaren Schaden
für betroffene Menschen, enorme volkswirtschaftliche Schäden sowie Vertrauens-
verluste in die politische Führung einer Gesellschaft bewirken zu können.[7] Als
Beispiel sei hier ein Unfall in Baltimore beschrieben, der sich wie folgt zugetragen
hat:

---

[6] BMI (2009), S. 4.
[7] Vgl. BMI (2009), S. 9.

Am 19.07.2001 entgleiste in einem städtischen Straßentunnel ein mit Chemikalien beladener Frachtzug. Dies verursachte erwartungsgemäß Schäden im Bereich des Schienen- und Straßenverkehrs und beanspruchte die entsprechenden Not- und Hilfsdienste. Darüber hinaus verursachte der Vorfall jedoch auch nicht vorhergesehene Effekte. Beispielsweise brachte das Tunnelfeuer eine Wasserleitung zum Bersten, die neben 6 m hohen Geysiren stellenweise eine bis zu 90 cm tiefe Überschwemmung verursachte. Die Havarie ließ die Energieversorgung für 1 200 Stadtbewohner zusammenbrechen. Glasfaserkabel wurden zerstört, was zu starken Störungen der Festnetz- und Mobilfunktelefonie sowie des Internets führte. Datendienste einiger Großunternehmen u. a. aus dem Bereich kritischer Infrastrukturen fielen aus. Es kam zu signifikanten Unterbrechungen im Schienenverkehr mit Effekten auf die angrenzenden Bundesstaaten. Die Effekte beinhalteten beispielsweise Störungen in der Lieferung von Kohle und von Rohstoffen für die Stahlerzeugung.[8]

Städte und ihre Gesellschaften sind verwundbar. Das führen uns Terroranschläge ebenso vor Augen wie durch technisches oder menschliches Versagen verursachte Unfälle oder die mit dem Klimawandel in Zusammenhang gebrachten häufiger werdenden Naturereignisse.[9] Hierbei kommt es zu einem wie folgt beschriebenen Phänomen:

> In dem Maße, in dem ein Land in seinen Versorgungsleistungen weniger störanfällig ist, wirkt sich jede Störung umso stärker aus. (…) Gesellschaften reagieren im Laufe ihrer technologischen Entwicklung auf Störungen, vor allem der auf hoch entwickelten Technologien basierenden Infrastrukturen, deutlich sensibler, da sie sehr hohe Sicherheitsstandards und eine hohe Versorgungssicherheit gewohnt sind. Dieser Umstand, dass sich mit zunehmender Robustheit und geringerer Störanfälligkeit ein durchaus trügerisches Gefühl von Sicherheit entwickelt und die Auswirkungen eines ‚Dennoch-Störfalls' überproportional hoch sind, wird als *Verletzlichkeitsparadoxon* bezeichnet.[10]

Je höher also unsere Standards sind, desto verwundbarer werden wir aufgrund unserer Erwartungshaltung; ein Aspekt, welchen wir für die Gestaltung einer Smart City berücksichtigen müssen.

---

[8] Vgl. Pederson et al. (2006), S. 4.

[9] Vgl. hierzu: BMI (2009), S. 9.

[10] BMI (2009), S. 11 f.

3.3 Resilienz

Vor diesem Hintergrund fordert beispielsweise das deutsche Bundesministerium des Innern eine neue Risikokultur für Gesellschaften mit wachsenden Verletzlichkeiten. Sie soll sich zusammensetzen aus einer offeneren Risikokommunikation, einer verbesserten Zusammenarbeit zwischen den involvierten Akteuren, einer verstärkten Selbstverpflichtung der Betreiber von kritischen Anlagen (häufig private Unternehmen) sowie einer stärkeren und selbstbewussten Selbstschutz- und Selbsthilfekraft der von Störungen betroffenen Menschen und Einrichtungen.[11] Anders und bezugnehmend auf unser Untersuchungsgebiet formuliert heißt das: Städte müssen resilienter werden. „*Resilienz* ist die Fähigkeit, tatsächliche oder potenziell widrige Ereignisse abzuwehren, sich darauf vorzubereiten, sie einzukalkulieren, sie zu verkraften, sich davon zu erholen und sich ihnen immer erfolgreicher anzupassen."[12] Naturereignisse, technisches oder menschliches Versagen, Terror oder Krieg, der bereits heute problemlos über die Manipulation kritischer Infrastrukturen (Cyberangriffe) geführt werden kann, sowie schlicht die Abnutzung der Anlagen stellen Bedrohungen dar.

Resilienz ist ein wesentlicher Aspekt der Nachhaltigkeit, denn sie hat das Ziel, die Funktionsfähigkeit einer Stadt zu erhalten, d. h. das urbane Leben „nachhaltig" zu ermöglichen und einen zentralen Beitrag zur Verfolgung der Metaziele zu leisten. Resilienz erfordert den Aufbau widerstandsfähiger, fehlertoleranter, robuster Infrastrukturen[13] und hoch entwickelter Krisenpläne, welche die zunehmenden Interdependenzen von Infrastrukturen und mögliche Kaskadeneffekte berücksichtigen. Außerdem erfordert sie ein gewisses Maß an Selbstversorgungsfähigkeit von Städten, was urbane Produktion und Lebensmittelversorgung voraussetzt. Schließlich macht sie eine neue Haltung der Stadtbewohner erforderlich. Sie sollten sich flexibel und lernfähig auf Veränderungen einstellen und Resilienz zu einem selbstverständlichen Teil ihrer Planungsprozesse und Handlungen machen.

Städte sind aufgefordert, ihre Akteure und Bewohner für diese Zusammenhänge zu sensibilisieren und zu erforderlichen Verhaltensanpassungen zu bewegen. Die Mehrzahl der Städte bietet, im Vergleich zu Staaten, einen überschaubaren Raum, in welchem Haltungen gefördert und entwickelt werden können. Den Bewohnern einer Stadt müsste hierzu aufgezeigt werden, inwiefern jeder Einzelne von der Verfolgung der gemeinschaftlichen Ziele profitieren kann. Resilienzfördernde Aspekte wie Nachhaltigkeit, Erhaltungssinn, Sauberkeit, Verantwortung, Gemein-

---

[11] Vgl. BMI (2009), S. 11 f.

[12] Acatech (o. D.), o. S.

[13] Vgl. Acatech (o. D.)

sinn, Hilfsbereitschaft, Solidarität, Zivilcourage usf. könnten zu einem selbstverständlichen Bestandteil des städtischen Lebensgefühls avancieren. Auch könnte
die Übernahme von Verantwortung durch Stadtbürger weitergehend als heute in-
stitutionalisiert und incentiviert werden. Vorsorge für und gegenseitige Hilfe in
Ausfall-/Notsituationen sollten in einer Stadt so selbstverständlich werden wie
der Karneval in Rio, wie Erdbebenübungen in Kalifornien oder die eher staatlich
forcierte Sauberkeit in Singapur. Eine Coffee-to-go-Gesellschaft hingegen ist auf
eine Rund-um-Versorgung angewiesen. Sie wird sich in Krisensituationen schwer
zurechtfinden.

Ein solcher Kulturwandel ist ein umfassende Inklusionsbemühungen voraus-
setzendes Vorhaben, das jedoch notwendig und im städtischen Rahmen umsetzbar
erscheint. Das gelebte Motto der Stadt Köln „Liebe Deine Stadt" könnte in diesem
Sinne zum globalen Aufruf der städtischen Resilienzbewegung avancieren.

Urbane Produktanforderungen

4

4.1 Urbaner Konsum und Idealprodukte

Städte, deren Bewohner nachhaltige Visionen und Ziele verfolgen, die ihre Infrastrukturen überarbeiten, um funktionsfähig zu bleiben, die resilient werden wollen und hierfür einen Kulturwandel einleiten, werden auch an ihre Produkte neue Anforderungen stellen. Produkte prägen das Stadtleben. Hier werden sie entwickelt, produziert, verkauft, genutzt, verbraucht, entsorgt und verwertet. Dabei sind begrenzte Ressourcen, der Bedarf an Unternehmertum und Beschäftigung, Platzmangel, Müllberge, die produktions-, logistik- und konsumbedingten Verunreinigungen von Wasser, Luft und Boden sowie Lärmemissionen zumindest heute noch urbane Gegebenheiten. Welche Implikationen hat dies für die Entwicklung und Gestaltung von Produkten für Städte?

Klären wir zunächst, was wir im Folgenden unter einem *Produkt* verstehen. Im Marketing gilt als Produkt, was sich verkaufen lässt. Hier soll der Produktbegriff etwas eingeschränkt werden, nicht um der vorherigen Abgrenzung den Schrecken zu nehmen, sondern um den zu erläuternden Sachverhalt etwas anschaulicher zu machen. Richten wir unseren Blick der Einfachheit halber auf materielle Güter, – auf Konsum und Investitionsgüter.

In einer nachhaltigen Stadt liegt es nahe, Produkte zu verwenden, die bezogen auf Umwelt, Klima und Ressourcen keine negativen Auswirkungen haben, Lebensqualität und sozialen Fortschritt fördern und gleichzeitig die Wirtschaft in Gang halten; die also Grundlagen für Geschäftsmodelle darstellen, welche Beschäftigung sichern und die zudem auf die speziellen Bedarfe einer Stadt zugeschnitten sind. Damit wären die Konsummöglichkeiten des homo sapiens urbanus

© Springer Fachmedien Wiesbaden 2015
C. Etezadzadeh, *Smart City – Stadt der Zukunft?*, essentials,
DOI 10.1007/978-3-658-09795-0_4

vergleichsweise überschaubar. Die Masse der Produkte entspricht diesen Vorstellungen jedenfalls nicht.

Vor diesem Hintergrund ist ein Produktprozess, der auf den hier eingeführten erweiterten Nachhaltigkeitsbegriff und auf Resilienz ausgerichtet ist, zielführend und angesichts sich abzeichnender gesellschaftlicher Entwicklungen in Richtung eines nachhaltigeren Konsums auch unternehmerisch zweckdienlich. Ein solcher Ansatz, nennen wir ihn *„urbanen Gestaltungsansatz"*, der sich am Ecodesign und der Kreislaufwirtschaft (Cradle-to-Cradle-Design) orientiert, berücksichtigt und formt den gesamten Produktzyklus entsprechend nachhaltiger und resilienter Anforderungen: vom Produktentwicklungsprozess über die Rohstoffgewinnung, den Produktentstehungsprozess, sämtliche Transportwege, die Produktvermarktung, die Nutzungsphase bis zur Entsorgung und Verwertung des Produktes und dessen Wertstoffe (siehe hierzu Abb. 4.1). Das Ziel dieses Gestaltungsansatzes sind Produkte, die sich in Stoffkreisläufe einfügen, welche sich an natürlichen abfallfreien Prozessen orientieren.

Der urbane Produktprozess beginnt mit einem Produktentwicklungsprozess, in welchem alle Phasen des Produktzyklus bewusst und unter Vermeidung von nega-

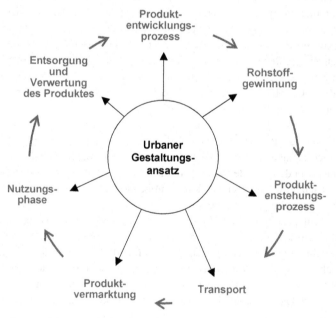

Abb. 4.1 Der Produktzyklus des urbanen Gestaltungsansatzes. (Quelle: Eigene Darstellung)

tiven externen Effekten gestaltet werden. So setzt die Produktentwicklung auf die Verwendung von „sauberen" (Abbau und Gewinnung) und fair gehandelten Rohstoffen aus erneuerbaren Ressourcen. Dazu zählen im Bereich tierischer Produkte ein weitgehender Verzicht auf deren Verwendung, eine art- und wesensgerechte Tierhaltung sowie eine tierfreundlichere Schlachtung, als sie heute in der Massentierhaltung praktiziert wird. Die Energieversorgung erfolgt durchgängig aus erneuerbaren Energien.

Der Produktentstehungsprozess ist nachhaltig gestaltet und berücksichtigt das für alle Produktphasen geltende Gebot, Transportwege zu minimieren (z. B. durch urbane Produktion statt globaler Lieferketten). Die Zusammenarbeit mit vor- und nachgelagerten Betrieben sowie mit den Beschäftigten ist von Beständigkeit, Fairness und einer partnerschaftlichen Entwicklung geprägt.

Die auf Abfallvermeidung und Werterhalt angelegte Vermarktung basiert möglicherweise auf neuen Geschäftsmodellen (z. B. Leasing, Sharing, Contracting oder Bereitstellung nach Bedarf etc.), weil die Hersteller in neuen Wertschöpfungseinheiten (z. B. Mobilität vs. Autos) und Dienstleistungsstrukturen (z. B. als Energiedienstleister) denken.

Die Nutzungsphase der Produkte ist auf Dauerhaftigkeit und Resilienz angelegt. Nicht nur dadurch, dass ein Produkt Kundenbedarfe deckt, sondern auch, weil das Produkt selbst Attribute der Haltbarkeit aufweist.

Schließlich sollte auch das Ende des Produktlebenszyklus geregelt sein. Zerlegbarkeit, die Rückführbarkeit von Wertstoffen und deren Verwertbarkeit müssen inkrementell und vorausschauend (z. B. zukünftige Recyclingverfahren antizipierend) geplant werden, um gängige „Recyclingprozesse" wie in Agbogbloshie[1] konsequent auszumerzen.

Über den zuvor umrissenen Produktprozess wird, wie erläutert, bei der Produktentwicklung entschieden. In dieser Phase wird (außer für den Bereich Vermarktung) vollständig festgelegt, wie die Phasen des Zyklus ausgestaltet werden. Aus diesem Grunde ist die Produktentwicklung der Dreh- und Angelpunkt des urbanen Gestaltungsprozesses.

4.2 Urbane Produktentwicklung

Betrachten wir die Produktentwicklung ein wenig abstrahiert. In dieser Entwicklungsphase gilt es grundsätzlich, die *Produktgesamtheit*, welche sich aus drei *Wesensmerkmalen* von Produkten konstituiert, ganzheitlich und kundengerecht

---

[1] Vgl. hierzu: WDR (2012).

Produktgesamtheit

Abb. 4.2 Die drei Wesensmerkmale von Produkten und ihre Gegenständlichkeit. (Quelle: In Anlehnung an Etezadzadeh (2008), S. 39)

zu gestalten.[2] Demnach müssen die a) Instrumentalität, b) Materialität und c) Semiotizität (die Zeichenhaftigkeit) von Produkten sowie die daraus resultierende *Gegenständlichkeit* über den gesamten Produktprozess hinweg bewusst entwickelt und gestaltet werden. Auf diese Weise können in sich schlüssige und erfolgreiche Produkte hervorgebracht werden (siehe hierzu Abb. 4.2).

Die Instrumentalität steht dabei für das, was das Produkt kann und adressiert die Leistung. Die Materialität zeigt an, wie das Produkt beschaffen ist und adressiert Struktur und Ausdruck. Und die Semiotizität (die Zeichenhaftigkeit) beinhaltet, was das Produkt zum Ausdruck bringen kann und steht für die Symbolik.[3]

Der weiter oben angedachte urbane Produktprozess stellt an die Gestaltung dieser Wesensmerkmale zusätzliche Anforderungen. Die urbanen Produkte müssen demnach mindestens nachhaltig und resilient gestaltet werden. Eine Voraussetzung für Nachhaltigkeit im Produktzyklus sind attraktive und langlebige Produkte. Sie

---

[2] Eine ausführliche Erläuterung dieser Produkttheorie findet sich bei Etezadzadeh (2008).

[3] Vgl. hierzu Etezadzadeh (2008), S. 39.

rechtfertigen produktbezogene Investitionen, Ressourcen- und Kapitalbindung, die Wertstoffnutzung usf. und ebenso Aspekte wie Pfadabhängigkeiten, die mit der Produktion, dem Technologieeinsatz oder gesellschaftlichen Entscheidungen zugunsten von Produkten einhergehen können. Mit Blick auf die Resilienz gilt es, Produkte zu schaffen, die geringstmögliche Ausfallzeiten aufweisen, „auch bei Störungen funktionieren bzw. sich in einen sicheren Zustand zurückführen können"[4] und gegen die städtischen Risiken (inkl. Spionage, Cyberangriffe und Terror) abgesichert sind. Forschungseinrichtungen fordern dementsprechend, insbesondere mit Blick auf die Infrastrukturen, „Resilience-by-Design", d. h. „die Widerstandsfähigkeit von Systemen schon in den Designprozess zu integrieren, so dass Resilienz zur fundamentalen Grundvoraussetzung jeglicher technologischer oder gesellschaftlicher Sicherheitslösungen wird"[5]. Was bedeuten die Forderungen nach Nachhaltigkeit und Resilienz für die Gestaltung der drei Produktdimensionen?

Ein Produkt, als Gegenstand praktischer Tätigkeit (*Instrumentalität*), muss vor allem Nutzen stiften und, wie zuvor dargelegt, ein beständiges Konsumentenbedürfnis dauerhaft befriedigen können.[6] Um die Lebensdauer und die Phase der Verwendbarkeit des Produktes zu verlängern, sollte es, sofern es diese Eigenschaften aufweisen kann, pflegbar, wartungsfreundlich, reparierbar, haltbar, anpassungsfähig, innovationsfreundlich, updatefähig, interoperabel usf. sein und modernen Anforderungen (z. B. durch die Nutzung im Sharing) gerecht werden. Mit Blick auf die in Abschn. 2.1 beschriebenen gesellschaftlichen Entwicklungen sollte es außerdem barrierefrei, leicht handhabbar, integrativ und entlastend sein.

Aus Sicht der Hersteller sollten Produkte für den urbanen Raum zudem skalierbar und modular gestaltet werden und möglichst geringe Gesamtbetriebskosten (TCO) aufweisen. So haben sie einerseits das Potenzial, in ihren Grundstrukturen in verschiedenen Kontexten zu funktionieren und verkäuflich zu sein. Andererseits können sie dem jeweiligen Bedarf, den vorliegenden Größenordnungen, dem technologischen Reifegrad, sich ändernden Gegebenheiten und dem verfügbaren Budget der Städte angepasst werden, ohne dass durch die Variantenvielfalt zu große Komplexität entsteht, wodurch Resilienz und Nachhaltigkeit gefördert werden.

Es wird deutlich, dass die *Materialität* mit der Instrumentalität eines Produktes eng verwoben ist. Sie ermöglicht dessen dauerhaften Gebrauch und macht es zum Gegenstand sinnlicher Wahrnehmung. Die zuvor bereits genannten Merkmale,

---

[4] Acatech (o. D.), o. S.

[5] Acatech (o. D.), o. S.

[6] Dies ist bei Investitionsgütern in der Regel der Fall, bei Konsumgütern jedoch keine Selbstverständlichkeit.

welche die Langlebigkeit von Produkten unterstützen, sollen im Zusammenspiel mit der Materialität sowohl die Haltbarkeit, als auch die Attraktivität des Produktes dauerhaft verbessern und der Freude am Gebrauch des Produktes dienen (Erlebnisaspekt). Das Material ist der direkte Kontaktpunkt zum Nutzer und damit die Grundlage für die Bindung an das Objekt. Eine produktgerechte Materialwahl sowie ein material- und recyclinggerechtes Produktdesign erlauben es, aus der langfristigen Nutzung und der durchdachten Rückführung der verwendeten Wertstoffe den maximalen Nutzen zu ziehen. Bei der Materialwahl sollte auf die Verwendung endlicher Ressourcen sowie auf toxische und gesundheitsschädigende Stoffe verzichtet werden. Mit Blick auf Nachhaltigkeit und Resilienz ist die Kombination von Robustheit und einer hohen Anmutungsqualität das Ziel.

Auch die *Zeichenhaftigkeit* von Produkten ist mit den beiden anderen Wesensmerkmalen eng verwoben. Sie erscheint für Investitionsgüter vielleicht etwas weniger bedeutsam als für Konsumgüter, ist hier aber gleichfalls von Relevanz. So wären beispielsweise modernste technische Anlagen, deren Symbolik auf Technikphantasien der 1960er-Jahre basiert, aus vertrieblicher Sicht wenig erfolgversprechend.

Im Bereich der Zeichenhaftigkeit stellt sich die Frage, was mit der Produktsymbolik geschehen müsste, um nachhaltig und resilient zu sein und um beides zu kommunizieren. Zunächst erscheinen hierfür eine nicht zu modische Gestaltung des Produktes zielführend (nachhaltig) und eine nicht zu kontextbezogene, d. h. allgemein verständliche Symbolik (resilient).

Um den Anspruch, nachhaltig zu sein, zu kommunizieren, könnte die Zeichenhaftigkeit des Produktes z. B. seine Werthaltigkeit und -beständigkeit oder bestimmte nachhaltige Leistungsmerkmale signalisieren und so die herrschende Statussymbolik befruchten. Ein Beispiel: In der Automobilindustrie kann Nachhaltigkeit beispielsweise mit Leichtbau assoziiert werden, der sich in Fahrzeugen z. B. in leichteren aber hochfesten Strukturen wiederfindet. Solche Einheiten können durch entsprechende Konstruktionen oder eine geeignete Symbolik inszeniert oder metaphorisiert werden. So könnte man das Fahrzeug-Interieur filigraner, „leichter", aber dennoch robust und sicher erscheinen lassen. In der Automobilgeschichte gibt es zahlreiche Beispiele für eine teilweise recht plakative Zeichenhaftigkeit, die technischen Fortschritt oder bestimmte Leistungsmerkmale anzeigen soll.

Und wie kommuniziert man Resilienz? Durch die Inszenierung von Mechanik, durch robustes Design, durch schwere Materialien? Oder durch eine starke Technisierung, visualisierte Vernetzung, durch erkennbare autarke Steuerungsmechanismen, durch Leichtigkeit oder Virtualität? Ist die wiedererstarkte Freude an den „guten alten (analogen und mechanischen) Dingen" bereits Ausdruck einer neuen nachhaltigen/resilienten Haltung oder eine sentimentale Reminiszenz an die Vergangenheit? Wie dem auch sei, die Zeichenhaftigkeit von Produkten muss ebenso wie die beiden anderen Wesensmerkmale sehr bedacht kreiert werden, um langlebige Produkte schaffen zu können.

Eine ganzheitliche Produktgestaltung, d. h. die durchdachte Ausformulierung dieser Wesensmerkmale sowie deren verwobenen Zwischenbereiche, führt nicht nur zu ganzheitlich gestalteten Produkten, sondern auch zu bewusst gestalteten *Produktbotschaften*.[7] Produktbotschaften veranlassen Kaufentscheidungen und beeinflussen das Nutzungsverhalten. Für eine nachhaltige Gestaltung von Produkten sind sie hoch relevant.

Im Rahmen der Produktbotschaftsforschung stellt sich die Frage: Was machen die Konsumenten aus dem Produkt? Denn die Botschaft des Produktes wird entsprechend der Sender-Empfänger-Logik zwar durch den Hersteller geformt, aber durch die Individuen vervollständigt. Der urbane Gestaltungsansatz sollte weiter gehen und zudem hinterfragen: Was macht das Produkt mit den Menschen und mit unserer natürlichen Umwelt? Inwiefern werden durch das Produkt z. B. unsere Verhaltensweisen determiniert, Menschen ausgebeutet und Ressourcen beansprucht? Nimmt man diese Fragen ernst, wird die Produktentwicklung zu einer verantwortungsvollen Aufgabe. Gut angelegte Produktbotschaften können durchaus nützlich sein und den urbanen Konsumenten wünschenswerte/nachhaltige Botschaften zur Weiterverwendung anbieten.

4.3 Verallgemeinerbarkeit

Entsprechend dem erweiterten Nachhaltigkeitsbegriff in Abschn. 2.3 sollen die für die Produktentwicklung relevanten Wesensmerkmale ebenfalls ergänzt werden. In einer globalisierten Welt mit einer ständig steigenden Bevölkerungszahl, aber begrenzten Ressourcen, ist das die Wesensmerkmale ergänzende Postulat der *Verallgemeinerbarkeit* von Produkten ein geeigneter Ansatz, um die Forderung nach Nachhaltigkeit im Produktentwicklungsprozess zu verankern (siehe hierzu Abb. 4.3).

Natürlich stellt dieser Anspruch zahllose Produzenten materieller Güter vor eine unlösbare Aufgabe. Diese Forderung erscheint grotesk. Doch muss erkannt werden, dass der in den Industrienationen etablierte Lebensstandard unter Nutzung der aktuellen Technologien nicht verallgemeinerbar ist, dass aber die Konsumenten

---

[7] In der Arbeit „Produktbotschaften: Das Auto als Botschaftsvehikel und Ausdruck meines Selbst" hat die Verfasserin diese Zusammenhänge ausführlich analysiert. Siehe hierzu: Etezadzadeh (2008).

Produktgesamtheit

Abb. 4.3 Die Wesensmerkmale von Produkten, um das Postulat der Verallgemeinerbarkeit ergänzt. (Quelle: In Anlehnung an Etezadzadeh (2008), S. 39)

aufstrebender Nationen genau diesen Standard zum Ziel haben. Es darf bezweifelt werden, dass die zukünftig hohe und quasi kostenlose Verfügbarkeit von Energie, das Sharing und Produkte aus dem 3D-Drucker hier als ein Heilsversprechen verstanden werden können. Zumindest benötigten wir selbst in diesem Fall Lösungen für die aktuelle Problematik.

Nun stellt sich als erstes die Frage, was ein verallgemeinerbares Produkt (mit einer Gegenständlichkeit des umsichtigen Dienens) sein könnte und ob es verallgemeinerbare Produkte überhaupt geben kann? Diese Fragen sind schwer zu beantworten. Ein in biodynamischer Landwirtschaft hergestellter Kohlkopf oder eine nahezu wartungsfreie Kleinanlage zur Gewinnung von regenerativer Energie erscheint zumindest eher diesem Ideal zu entsprechen als ein technologisch veralteter SUV. Und weitergefragt: Wenn es verallgemeinerbare Produkte gäbe, sollten dann Konsumenten, die sich einen von Zerstreuung geprägten Lebensstil finanziell leisten können, auf alles, was Spaß macht, aber nicht verallgemeinerbar ist, verzichten? Wo bleibt da die Lebensqualität? Diese Fragen sind berechtigt und es wird keine Instanz geben, die sie allgemeingültig beantworten kann. – Entscheidend ist aber, dass sich Konsumenten weltweit bewusst machen und durch eine adäquate Informationsbereitstellung bewusst machen können, was ihr jeweiliger Konsumakt bedeutet. So können sie für sich entscheiden, ob sie die an das Produkt geknüpften Bedingungen für akzeptabel erachten oder nicht.

Auf der anderen Seite ist es der Sache zuträglich, wenn sich Produktentwickler im Vorfeld des Konsumprozesses, im Gestaltungsprozess, die Frage nach der Verallgemeinerbarkeit stellen. Zum Beispiel bezogen auf den Zweck (Brauchen wir beleuchtete Hausschuhe?), auf das Design (Sind die erforderlichen Produktionsprozesse vertretbar?), auf die verwendeten Materialien (Werden nachwachsende Rohstoffe verwendet?) usf. Die Thematisierung dieses Anspruchs kann insbesondere im Hinblick auf die immer größer werdenden Städte und deren an ihre Funktionalität gebundenen Anforderungen richtungsweisend sein.

Ja, diese Gedanken erscheinen durchaus realitätsfern. Wo findet sich also eine Schnittmenge zwischen Anspruch und Realität? Bezogen auf materielle Güter können wir vielleicht darin übereinkommen, dass beispielsweise 38 Mio. Autos in Tokio schlichtweg keinen Platz finden würden. Mobilität ist aber ein zentraler Bestandteil unseres Lebens und Wirtschaftens. Autos werden – in welcher Form auch immer – fortbestehen, werden uns über unsere körperlichen Limitationen hinweghelfen und für die, die es sich leisten können, partnerartige Ich-Erweiterungen bleiben. Also benötigen wir neben dem Auto zusätzliche attraktive Mobilitätslösungen für Städte, welche die Flächeninanspruchnahme, die Luftbelastung und Lärmemissionen minimieren.

Automobilhersteller haben dies antizipiert und setzen neben der Produktion von Fahrzeugen mit konventionellen und neuen Antrieben, neuen Aufbauformen und Raumkonzepten sowie neuen Funktionen und Funktionsweisen längst auf zusätzliche Mobilitätsangebote, die kontinuierlich weiterentwickelt und in neue Geschäftsmodelle überführt werden. Gerade in Städten ist eine große Produktvielfalt für markengestützte Mobilitätsdienstleister vorstellbar, die das alte Geschäftsmodell verblassen lässt und völlig neue Wertschöpfungskonzepte erfordert. Im Premiumsegment eröffnen sich besonders viele Ansätze, die stark auf die Marke einzahlen, Markenbindung fördern und neue Zielkunden erschließen. So nähert sich eine Branche der Verallgemeinerbarkeit an. Andere Branchen werden diesem Vorbild folgen müssen, da ihre bisherigen Wertschöpfungsmechanismen in Zukunft nicht mehr wie bisher funktionieren werden.

In Bezug auf virtuelle Produkte schließt sich die Frage an, inwiefern sie der Verallgemeinerbarkeit gerecht werden. Ist der partielle Verzicht auf Materialität (z. B. durch das Sharing) der Weg zu verallgemeinerbarem Konsum? Inwiefern beeinflussen digitale Produkte und Anwendungen die Konsumenten? Diese Fragestellungen werden wir in den folgenden Kapiteln aufgreifen und andiskutieren.

Gesellschaftliche Entwicklungen

5

Zugunsten der Entwicklung nachhaltiger Produkte, aber ebenso für eine solide Geschäftsentwicklung[1] sollten Entscheidungsträger und gestaltende Menschen in Unternehmen verstehen, was in ihrem Umfeld, in ihren Märkten und im Bereich technologischer Entwicklungen geschieht. Die Verfasserin stellt hierzu im Rahmen ihrer Beratungstätigkeit ein vergleichsweise einfach zu handhabendes Instrument bereit, welches diese 360°-Sicht operationalisiert und für die Industrie, aber auch für mittelständische und kleine Unternehmen nutzbar macht.

Im Folgenden werden auf dieser Methode basierend einige für diese Ausarbeitung relevante *Megatrends*, Trends und Entwicklungen erzählerisch miteinander verknüpft, die neben vielen anderen Themen die städtische Gesellschaft heute und voraussichtlich in den nächsten Jahren prägen werden. So wird der Blick auf das Untersuchungsobjekt Stadt um ein gesellschaftliches Stimmungsbild ergänzt; der Kontext der Stadtentwicklung wird umrissen und urbane Produktanforderungen werden weiter herausgearbeitet. Den Themen Sharing und Vertrauen wird besondere Aufmerksamkeit geschenkt, da Sharing derzeit intensiv und teilweise idealisiert diskutiert wird und der Vertrauensbegriff einem starken Wandel zu unterliegen scheint. Die folgenden Ausführungen betonen global zu beobachtende Trends, ohne die Entwicklungen der Industrienationen zu stark in den Vordergrund zu stellen.

---

[1] Vgl. hierzu: Etezadzadeh (2009a), o. S.

© Springer Fachmedien Wiesbaden 2015
C. Etezadzadeh, *Smart City – Stadt der Zukunft?*, essentials,
DOI 10.1007/978-3-658-09795-0_5

5.1 Ökologie, Ökonomie und Politik

Ökologie

Gesamtgesellschaftlich zeichnet sich ein gesteigertes Interesse am Erhalt der natürlichen Lebensgrundlagen ab. Die *Endlichkeit der Ressourcen* wird erkannt, die Irreversibilität der Zerstörung (z. B. in Bezug auf fruchtbaren Boden) wird immer mehr Menschen bewusst. Auch und insbesondere mit Blick auf den *Klimawandel* erachten wachsende Teile der Bevölkerung Veränderungen für erforderlich. Die Industrie beginnt, auch durch politische Auflagen veranlasst, das Thema aufzugreifen. Eine deutliche Umkehr der Weltgemeinschaft, um diese Entwicklungen aufzuhalten, ist allerdings noch nicht erkennbar. Kunden erwarten von den Herstellern umweltgerechtere Angebote, allerdings ohne dabei signifikante Preiserhöhungen in Kauf nehmen zu wollen.

Ökonomie

Im Bereich der Ökonomie reift die Erkenntnis, dass das Wachstum der Weltwirtschaft in der heutigen Form auf der Ausbeutung der natürlichen Gegebenheiten basiert, was gleichzeitig zahlreichen Menschen die Existenzgrundlage entzieht. Diese Art des *zerstörerischen Wirtschaftens*, gekoppelt an die Ausbeutung von Menschen als entrechtete Arbeitskräfte und die Nutzung von Tieren als verdinglichte Produktionsmittel wird zunehmend kritisch gesehen, zumal, so die Perzeption, tendenziell wenige Menschen am erwirtschafteten Ergebnis partizipieren.

Die bereits erwähnte *Polarisierung des Wohlstandes*[2], beschleunigt durch die Entkopplung des Kapitalwachstums, durch die Existenz von enormen Machtkonstrukten im Finanz- und Wirtschaftssektor, durch strukturellen Wandel, durch unterschiedliche Zugänge zu Bildung usf., findet ihren Ausdruck zunehmend in der Hinterfragung der herrschenden Wirtschaftsformen. Auch die *Globalisierung* leistet hierzu einen Beitrag. Neben all ihren Vorzügen des möglichen Wissensaustauschs zwischen den Kulturen, der allerdings von allen Seiten zugelassen und angestrebt werden muss, stellt sie Unternehmen und deren Mitarbeiter in den internationalen Wettbewerb, zersetzt gewachsene Strukturen, Routinen und Verfahren und stellt Ergebnisse des Erfahrungswissens zur Disposition. Die Globalisierung erhöht – spürbar – den Wettbewerbsdruck und mündet in den „alternativlosen" Anspruch, durch Leistungssteigerung, Effizienzmaßnahmen und Einsparungen, Kosten zu

---

[2] Vgl. hierzu: OXFAM (2015), o. S. Im Jahr 2016 wird, so Oxfam, über die Hälfte des Wohlstandes in den Händen von einem Prozent der Weltbevölkerung liegen. Gleichzeitig teilten sich 80 % der Menschheit 5,5 % des Wohlstandes. Eine Milliarde Menschen lebten noch immer von weniger als 1,25 $ pro Tag.

senken und die Produktivität zu steigern. Unternehmen müssen profitabel wachsen, um konkurrenzfähig zu bleiben und um sich vor Übernahmen zu schützen. Die *Finanz- und Wirtschaftskrise* bestärkt die Systemkritiker. Ausgelöst durch, so die Protagonisten, ein selbstverlorenes Missmanagement im Bankensektor hat die Krise die Weltwirtschaft seit Jahren im Griff. Sie hat zahlreichen Menschen die Existenzgrundlage entzogen und führt durch ihre Konsequenzen nach wie vor zur geldwertgetriebenen Enteignung von Leistungserbringern, während im Bereich der Finanzwirtschaft für Außenstehende keine Veränderungen ersichtlich werden. Gleichzeitig führen *Sättigungseffekte* und ausbleibende physische Zerstörung von Kapital (z. B. durch große Kriegsereignisse in den Industrienationen) das globale Wirtschaftssystem zu einem deutlich geringeren Wirtschaftswachstum als in der zweiten Hälfte des 20. Jahrhunderts. Die nachrückenden Konsumenten der Schwellenländer avancieren somit zu den Hoffnungsträgern der Industrie.

Angesichts dieser vielseitigen für alle erkennbaren Bedrohungen der eigenen Existenz entsteht zunehmender *Existenzdruck*. Es gilt, den Sprung in die Teilhabe zu schaffen und sich vor überall drohender Arbeits- und Perspektivlosigkeit zu schützen, die an so vielen Orten Langeweile, Frustration und Hass schürt. Kinder der Industrienationen haben die Voraussetzungen für ein „erfolgreiches Erwerbsleben" seit der Nachkriegszeit in weiten Teilen erhalten. In Schwellenländern wächst die erste oder zweite Generation heran, die teilweise diese Zugangsvoraussetzungen hat. Auf den Menschen beider Welten lastet Erfolgsdruck und es gilt für alle, dass angesichts der skizzierten Rahmenbedingungen diese Voraussetzungen alleine nicht mehr hinreichen, um die eigene Existenz mit Bestimmtheit abzusichern. An diesem Druck zerbrechen Menschen weltweit.

Die Globalisierung lässt die Weltgemeinschaft zusammengerückter erscheinen und hat in vielen Bereichen zu einer *Demokratisierung des Zugangs* geführt. Mehr Menschen haben Hoffnung auf Verbesserung ihres Lebensstandards und mehr Menschen können sich (u. a. durch niedrigste Lohn- und Logistikkosten) Dinge leisten, die früher als unerreichbar galten. Dennoch ist evident, dass diese Entwicklung, wie zuvor dargestellt, nicht verallgemeinerbar ist. Interessanterweise haben diese Zusammenhänge eine ökonomische Konsequenz, deren Tragweite wir uns vielleicht noch nicht bewusst sind. Durch die Bereitstellung günstiger „Globalisierungsprodukte" haben Dinge ihre ursprüngliche Wertbeimessung verloren (*Werteverfall durch fehlende Zuordenbarkeit*). Da die negativen Effekte der globalen Produktion nicht eingepreist werden, wissen moderne Konsumenten nicht mehr, welchen Preis ein Produkt unter gesunden Produktionsbedingungen haben müsste. Ein Werteverfall der direktesten Art.

Politik

Insgesamt fühlen sich viele Menschen in ihren politischen Interessen nicht mehr vertreten. Politiker erscheinen Wählern mit den komplexen Prozessen der vernetzten Welt überfordert und gleichzeitig wirtschaftlichen Strukturen unterlegen. Nötige Maßnahmen bleiben aus oder zeigen nicht die erhoffte Wirkung. Staatsapparate und überstaatliche Vereinigungen wirken, gemäß den in den Medien verbreiteten Ansichten, schwerfällig, nicht reaktions- und beschlussfähig, ineffizient und stellenweise mehr auf Selbsterhalt und Lobbyismus anstatt auf das Gemeinwohl ausgerichtet. Bürger aus allen Weltteilen verurteilen Korruption und Vetternwirtschaft und kritisieren das Wirtschaftsgebaren von Weltkonzernen und der Hochfinanz, dem kein Einhalt geboten wird. Diese Haltungen repräsentieren keine Mehrheiten, doch kommt es zu einer gesamtgesellschaftlichen Forderung nach mehr *Transparenz* und nach *Partizipation*. In stark betroffenen Ländern gären sozialen Unruhen. – Ein regelmäßig einsetzender Prozess, sobald es zu einem wahrgenommenen Ungleichgewicht von Rechten und Pflichten zwischen der Obrigkeit und der Bevölkerung kommt.

Insbesondere in der *schwindenden Mittelschicht* der Industrienationen scheint unter den Bürgern das Gefühl zu erwachen, dass ihr „Funktionieren" und die Bereitschaft dazu nicht mehr honoriert werden. Zudem befürchten sie nicht unbegründet, dass ihre gesellschaftliche Stellung bedroht sei. Die Konformitätsbereitschaft und milieubezogenen Tugenden, welche im 20. Jh. die Mittelschicht prägten, haben schon heute nicht mehr den früheren Effekt: Anerkennung durch Wohlverhalten zu generieren. Treue, Loyalität, Pflichtgefühl, Verbindlichkeit und Fleiß sind Werte, die der Optimierung zum Opfer gefallen sind. Dies führt zu *sinkendem Regelvertrauen*, zu Orientierungsverlusten, zu Politikverdrossenheit und Unzufriedenheit. Diese Menschen sehnen sich nach Beschaulichkeit, Ruhe und einem gewissen Maß an Kontrolle.

Insgesamt ist der moderne Mensch in hohem Maße Veränderungen, Unsicherheiten und Kontrollverlusten ausgesetzt, was überdies durch das Internet und die Medien verstärkt an ihn herangetragen wird. Die *Angst* vor dem Klimawandel, vor wachsender Ungerechtigkeit, Angst vor Kriminalität und Gewalt, sozialen Unruhen, Terror und Krieg, Zukunftsangst im Allgemeinen, Angst vor unkontrollierbaren technischen Entwicklungen, Angst vor Seuchen und Krankheiten, die Existenzangst, Angst vor wirtschaftlichen Krisen und Arbeitslosigkeit sowie zunehmende Instabilitäten im privaten Bereich (Partnerschaften und Familien auf Zeit) erhöhen, abgängig von deren Lebensraum mit unterschiedlicher Gewichtung, den empfundenen Sicherheitsbedarf der Menschen.

Durch die zunehmende Vernetzung der Welt werden Unterschiede zwischen den Lebensräumen sichtbar, was zu Wanderungsbewegungen führt. Getrieben von globalen Ungleichgewichten und Bedrohungslagen in den Bereichen Umwelt, Wirtschaft und Lebensqualität werden die *Migrationsbewegungen* weiter zunehmen (Heterogenisierung der Bevölkerung). Um diesen Entwicklungen zu begegnen, wird es nicht ausreichen, höhere Zäune zu bauen.[3] Insbesondere in Städten treffen verschiedenste Menschen auf engem Raum aufeinander. Dieses Miteinander muss gestaltet werden. Deshalb sind wirkungsvolle Inklusionsbemühungen auf Basis von Bildung heute und in Zukunft unerlässlich.

5.2 Soziokulturelle Trends

Ein dies alles befeuerndes Problem wird in der *Ökonomisierung der Lebenswelt* vermutet. Beflügelt durch die Digitalisierung wird im modernen Leben zunehmend mehr gezählt, vermessen, bewertet und verglichen. Funktionsfähigkeit, Effizienz, Effektivität, Nützlichkeit, Verwertbarkeit und Rentabilität gewinnen an Bedeutung. „Die Imperative des Marktes werden zu Gradmessern des menschlichen Denkens und Handelns."[4] Der Ausspruch „There is nothing like a free lunch" gilt heute mehr denn je, insbesondere in den Industrienationen.

Das Leben mit einem ständigen Blick auf die Opportunitätskosten ist anstrengend und führt zu einer Störung der sozialen Gefüge. Andere Kontakte, andere Aktivitäten, andere Wertkonstrukte bestimmen das Dasein. Menschen schlafen weniger, essen schneller, verplanen ihr Dasein, um die Zeit optimal zu nutzen und verdrängen die unbeschwerte Gelassenheit und die träge Muße gewollt oder gezwungenermaßen aus den Terminkalendern. Das macht sie krank, unkreativ und nimmt ihnen vor allem die Zeit zu Denken.[5] Dies hat hohe Kosten zur Folge und es macht die Gesellschaft weniger resilient.

Aus dieser Lage heraus entstehen neue Bedarfe: *Vereinfachung, Entlastung und Komfort* sollen helfen, die hohen Anforderungen des Alltags zu meistern. Hierfür werden technische und prozessuale Innovationen benötigt, die entlastend wirken, – keine, die zusätzliche Entscheidungen erfordern. Denn im Zentrum derer, die es sich leisten können, steht die *Maximierung der Lebensqualität*, eines individuell definierten Wertes, der das menschliche Streben grundlegend prägt, aber nie so umfassend als Anspruch formuliert wurde wie heute.

Die von den Industrienationen ausgehende, aber weltweit keimende Saat der *Individualisierung* schafft hierfür die Grundlage. Menschen wird der Freiraum für

---

[3] Vgl. hierzu: ARD (2014).

[4] Heinzlmaier (2012), S. 9.

[5] Vgl. hierzu: Etezadzadeh (2009b), o. S.

ein selbstbewusstes Leben und für Selbstverwirklichung in Aussicht gestellt. Für diejenigen, die diesen Freiraum eingeräumt bekommen, bedeutet er, Entscheidungen treffen zu müssen. Entscheidungen, die zuvor nicht getroffen werden mussten. Darüber hinaus erkennen viele Menschen in diesem Freiraum das Gebot einer *kontinuierlichen Selbstoptimierung*. Sowohl die zu treffenden Entscheidungen als auch die Selbstoptimierung fordern Menschen und können sie gleichsam überfordern.

Mit diesen Aufgaben ist der heranreifende Mensch zunächst einmal beschäftigt. Die Ausbildung und der Beruf rücken in den Vordergrund, während die Familiengründung auch angesichts der genannten Unsicherheiten warten muss, ausbleibt oder durch Trennungen wieder „revidiert" wird. Die iterative Neuausrichtung des Selbst erfolgt heute bis ins hohe Alter (was u. a. entsprechende Konsumwünsche evoziert). Insgesamt führen diese Entwicklungen zu einer *Pluralisierung der Lebensstile*, welche sich in Städten Seite an Seite wiederfinden.

Gepaart mit der sich wandelnden *Rolle der Frau* oder aufgrund finanzieller Zwangslagen entstehen *Familien*, deren Zeitmanagement und Alltagsabläufe als anspruchsvoll zu bezeichnen sind. Es gilt, die Erwerbstätigkeit der Eltern, (wenn darstellbar) die für wichtig erachtete Ausbildung der Kinder, ihre Erziehung, die Haushaltsführung und das verbleibende Familienleben (häufig auch mit nur einem Elternteil oder im „Patchwork"-Format) mit großenteils starken Budget-Restriktionen zu koordinieren. Hier existieren weltweit Bedarfe, z. B. in den Bereichen Betreuung, Ausbildung, Entlastung usf.

Ähnliche Bedürfnisse bringt der *demografische Wandel* mit sich. Nicht alle alternden Menschen haben Familien, die sich ihrer Betreuung widmen können. Neben finanzierbaren Betreuungslösungen und gemeinschaftsfördernden Einrichtungen werden deshalb global dezentrale und altengerechte medizinische Versorgungslösungen sowie barrierefreie Produkte und Versorgungsinfrastrukturen benötigt.

Die heranreifende *Generation Y* ist zu großen Teilen unter familiären Bedingungen wie den beschriebenen aufgewachsen. Vielleicht sind das von ihnen erwartete kooperative, partnerschaftliche Arbeitsumfeld und die geforderte Work-Life-Balance Ausdruck dieses Erfahrungshintergrunds. Bürgerliche Rollenmodelle des 20. Jahrhunderts, autoritäre Hierarchien und analoge Limitationen gehören für diese Generation der Vergangenheit an. Ihnen wird zugeschrieben, Dinge zu hinterfragen, gut ausgebildet zu sein bzw. eine gute Ausbildung anzustreben und sich privat wie beruflich ein sinnerfülltes Leben zu erhoffen. Vielleicht trotzt die Generation Y mit dieser Haltung der Ökonomisierung des Lebens, vielleicht ist sie für sie aber auch schon eine Selbstverständlichkeit. Ypsiloner gelten als sehr selbstbewusst, halten sich früh für kompetent und streben nach beruflicher Verantwortung, was ihnen durch digitales Entrepreneurship auch ermöglicht wird und als sinnvolle Ergänzung zu ihrer Erfahrungswelt gewertet werden kann. Realisierbar erscheinen ihre Vorstellungen durch die Informations- und Kommunikationstechnologie und ihre diesbezügliche Affinität.

5.3 Sharing und Vertrauen

Sharing
Eine mögliche Grundlage für das digitale Unternehmertum ist die Idee des *Sharings*. Sharing, als Folgeerscheinung der Digitalisierung (konkret: des Webs 2.0, hierzu später mehr), gilt als ein Lösungsansatz auf dem Weg zu maßvollerem Konsum. Das heißt: Produkte werden nicht mehr von allen gekauft, sondern von wenigen und sie werden geteilt. Das ist in vielerlei Hinsicht effizient. Den Gedanken des Teilens aufgreifend, werden auch reine Dienstleistungen dem Sharing subsumiert. Man teilt also sein Appartement oder vermietet es ganz, man nimmt jemanden mit oder überlässt ihm sein Auto, man lädt Fremde zum Essen ein oder teilt sein Wissen mit ihnen. Teilweise werden diese Dienste kostenlos erbracht, meistens aber gegen eine Gebühr. Sharing entspricht einer Art globaler Nachbarschaftshilfe, wobei das Teilen von Gebrauchsgegenständen naturgemäß schwerpunktmäßig ortsgebunden ist. Allerdings kann aus einem Freundschaftsdienst auch ein Geschäft werden. So erlaubt es das Sharing, nicht nur als Nutzer günstig an Lösungen teilzuhaben, dies stand zunächst im Vordergrund der Idee, sondern auch, als Anbieter gewinnbringende Einnahmen zu generieren. Sharing eröffnet Menschen einen Marktzugang mit minimalen Einstiegsbarrieren. Jeder trägt das bei, was er kann, wo und wie er das möchte. Die Grundlage dafür bildet das Internet.

In der Gesamtschau werden Lokalität und Individualität wieder stärker betont und „Smallness" als Kontrapunkt zur Globalisierung geschaffen. Sharing erweckt ein Gefühl von Gemeinschaft, Verbundenheit und gegenseitiger Hilfe. Es schenkt Zugang, fördert die urbane Produktion und den effizienten Umgang mit Ressourcen. Abhängig vom Geschäftsmodell generiert Sharing also Resilienz.

▶ Auf dieser Basis ist in den vergangenen Jahren im THINK and GROW incubator® ein Modell entstanden, das die Städte dieser Welt resilienter machen kann. Gegenseitige Hilfe, Versorgung, Entlastung und Betreuung werden Schlüssel zur Resilienz. Die Verfasserin, als Innovatorin des Modells, fördert dessen Verbreitung und lädt Städte dazu ein, mit ihr in Austausch zu treten, das Thema aufzugreifen und gemeinsam mit ihren Bewohnern zum Wohle der Stadt auszurollen.

Doch natürlich hat das Sharing auch drohende Nachteile. Leider besteht durch die Ökonomisierung des Teilens die Gefahr einer Schwemme an hoffnungsvollen Kleinunternehmern mit einer Tendenz zum Mikro-Prekariat, was weniger resilient ist. Zudem fühlen sich Unternehmen mit konventionellen Geschäftsmodellen durch die Sharing-Angebote begründet bedroht, weil die Deprofessionalisierung des Wettbewerbs ihren Einsatz unterminiert. Während konventionelle Unternehmen strengen Auflagen unterliegen, findet das Sharing-Angebot heute quasi unreguliert statt. Diese Diskrepanz muss geregelt werden, ohne dem Sharing die hohe Flexibilität und innewohnende Leichtfüßigkeit zu entziehen.

Bleibt die Frage, wie uns das Sharing verändert. Werden wir durch das Sharing nachhaltig? Können wir zukünftig auf einen Großteil unseres Besitzes verzichten? Heißt Sharing, dass wir nicht mehr an unseren Dingen hängen? Werden wir künftig mit einem Rucksack voller Habseligkeiten und einem Gerät voller virtuellen Besitzes durch das Leben gehen? Ist die Statusdemonstration obsolet? Viele Fragen, eine Antwort: Nein. – Zum einen befürchten Spezialisten *Reboundeffekte*. Das heißt: Konsumenten könnten das verfügbar werdende Geld für andere ressoucenbeanspruchende Dinge oder Aktivitäten ausgeben. Oder sie könnten durch die Erprobung im Sharing Spaß an einer Sache finden, die sie anschließend selbst besitzen wollen. Sharing ist auch nichts für Ästheten, Perfektionisten, Pedanten, Kontrollversessene oder Nostalgiker, die sich gerne mit ihrem identitätsstiftenden Besitz umgeben, ihn hegen und pflegen. Und zum Statusdenken: Ob unsere Produkte aus dem 3D-Drucker kommen werden oder rein virtueller Natur sind, ob wir einen Teil unseres Hab und Gutes „sharen" oder nicht, die Freude am Besitz, die Liebe zum Objekt, dessen Einfluss auf unsere Identitätsentwicklung und der von Thorstein Veblen beschriebene demonstrative Konsum werden diesen Entwicklungen trotzen.[6] Selbst in virtuellen Welten geben Menschen Geld dafür aus, dass ihr Avatar gut gekleidet ist. Der Wunsch nach Statusdemonstration wird uns erhalten bleiben und darf deshalb, genau wie die aus dem Sharing resultierenden Designanforderungen, im urbanen Gestaltungsansatz nicht vernachlässigt werden.

Vertrauen

Was macht es uns plötzlich möglich, persönliche Dinge mit Fremden zu teilen, die im Zuge dessen möglicherweise auch noch zu „Freunden" in sozialen Netzwerken oder gar zu guten Bekannten werden? Hat sich unser Menschenbild geändert? Unser Verhalten? Jedenfalls gibt es eine Instanz, die dazu beiträgt, dass so etwas wie Sharing möglich wird: vermeintliche *Transparenz*.

---

[6] Vgl. hierzu: Etezadzadeh (2008) und Fuhrer, Josephs (1999).

Jede Aktivität im Netz hinterlässt eine bleibende Spur. Durch unsere Aktivitäten entsteht ein Bild von uns. Ein *Datenzwilling*, der nicht nur vollständig dokumentiert, was wir tun, sondern dessen öffentlicher Teil zudem kontinuierlich der Bewertung anderer ausgesetzt ist. Wer sich etwas leiht und sich dabei schlecht verhält, bekommt eine schlechte Bewertung; wer dumme Fehler macht, erntet einen „Shitstorm". Beides wird das Internet nicht vergessen. So resultiert eine für viele Menschen erkennbare *digitale Reputation*. Einerseits entsteht auf diese Weise Transparenz, andererseits werden wir durch unseren Datenzwilling angreifbar. Unterschiedlichste Formen des Missbrauchs vom Mobbing, über Manipulation oder Spionage bis hin zum Identitätsklau sind hier vorstellbar. Vorgenommen von Einzeltätern, durch das organisierte Verbrechen, Institutionen mit Datenhoheit oder sogar durch staatliche Behörden.

Wer angesichts dieses Bedrohungsszenarios vor der Teilnahme zurückweicht, wird auf die Teilhabe verzichten müssen. Also generiert der unbescholtene User Daten und vertraut darauf, dass schon nichts passieren wird. So basiert die Community auf einer *Kultur des Zwangsvertrauens*. Der Einzelne kann lediglich darüber entscheiden, welche Informationen er *bewusst* weitergibt. Diese Entscheidung erfordert Wissen, welches insbesondere unerfahrenen Menschen vermittelt werden muss.

Die von Indiskretionen geprägte Teilhabe setzt also ein gewisses Maß an Vertrauensseligkeit voraus. Ein Aspekt, der mit dem technischen Fortschritt im Allgemeinen und mit der Digitalisierung im Speziellen einhergeht. Man denke an die AGBs, denen viele Menschen angesichts ihrer Unbewältigbarkeit immer wieder blind zustimmen und die zahlreichen Downloads und Applikationen, von denen kaum jemand exakt bestimmen kann, was sie beinhalten. Wir vertrauen darauf, dass die heute bezahlte Musik morgen noch auf dem virtuellen Laufwerk liegt. Was tun wir aber, wenn dem nicht so ist?

So stellt die Digitalisierung in gewisser Weise auch eine *Entmündigung* dar. Wir wissen nicht annähernd, wie unsere Geräte funktionieren, können sie häufig nicht reparieren und manche Nutzer sind nicht einmal dazu befugt, den Akku ihres Smartphones eigenständig auszutauschen. Gleichzeitig machen uns unsere Gadgets für bestimmte Provider gläsern. Sei es der Telefonanbieter, der Smartphone-Hersteller, die genutzte Suchmaschine, der Programmierer der App, der Anbieter der Anti-Viren-Software oder der Online-Shop unseres Vertrauens, – man weiß, was Sie tun. Jederzeit. Und meistens auch was Sie denken, nicht auszusprechen wagen und suchen.

Vertrauen ist die Grundlage für Partnerschaften, Freundschaften, für Zusammenarbeit und das Zustandekommen von Geschäften. Was entscheidet nun im Netz konkret über Vertrauenswürdigkeit? Fotos, Posts, Clicks, Likes, Labels?

Dummerweise können all diese Dinge gekauft werden. Firmen haben sich darauf spezialisiert, digitale Reputationen professionell zu gestalten. Es werden sich also Mechanismen ausbilden müssen, die uns dabei helfen werden, unser virtuelles Gegenüber einzuschätzen. Das Thema der Gläsernheit bleibt vorerst ungelöst. Eine ernsthafte Verbesserung der Lage ist nicht in Sicht. Das damit verbundene Problem ist, dass sehr wenige, vor allem privatwirtschaftliche Unternehmen über die absolute Datenhoheit verfügen. Von der Öffentlichkeit glorifiziert, entwickeln sie sich zu hegemonialen Metastaaten, die jeder Kontrollierbarkeit entbehren, weil sie können, was nur sie können. Diese Situation sollte den Nutzern, inklusive der inhärenten Bedrohungen, bewusst gemacht werden. Die Politik ist gefragt, um diese Prozesse in internationaler Zusammenarbeit zu regulieren. Jede Veränderung in diesem Feld betrifft alle. Wir rücken also tatsächlich zusammen. Ein Aspekt, der für die Verallgemeinerbarkeit spricht, wie sie hier eingeführt wurde.

Digitalisierung

6

6.1 Relevanz der Digitalisierung

Damit gelangen wir zu einem unser Themenfeld ganz zentral determinierenden Megatrend, der *Digitalisierung*. Eine Voraussetzung für die Digitalisierung ist die *Konnektivität*, welche den Ausbau von Netzen (kabelgebundenen und -losen Breitbandnetzen) sowie die Verbreitung von internetfähigen Geräten (PCs, tragbare Computer, Tablets, Smartphones usf.) zur Voraussetzung hat. Der Ausbau der Netze und die Zahl der Geräte nehmen weltweit rasant zu. Ende des Jahres 2014 nutzten laut Expertenschätzungen bereits 40 % der globalen Bevölkerung das Internet.[1] Bei gleichbleibenden Wachstumsraten soll Gleiches im Jahr 2017 auf 50 % der Weltbevölkerung zutreffen.[2] Dies ermöglichen insbesondere kabelgebundene Breitbandnetze (711 Mio. Anschlüsse Ende 2014) mit einem sukzessiven Ausbau von Glasfasernetzen und einem globalen Wachstum von 1,5 % p. a. (der Ausbau ist kostspielig) sowie mobile Breitbandnetze.[3] Während es heute bereits über 6,9 Mrd. Mobilfunkanschlüsse gibt (2020: ca. 10,8 Mrd.)[4], soll sich die Zahl der 1,76 Mrd. Smartphone-Nutzer bis 2019 auf 5,6 Mrd. Nutzer erhöhen.[5] Gleichzeitig schreitet die LTE-Marktpenetration mit großen Schritten voran. 2010 nutzten 612 000 Men-

---

[1] Vgl. ITU (2014), S. 5.
[2] Vgl. Broadband Commission (2014), S. 12.
[3] Vgl. Broadband Commission (2014), S. 18.
[4] Vgl. ITU (2014), S. 3. Laut GSMA enthält diese Zahl allerdings M2M. Vgl. GSMA (2014), S. 54.
[5] Vgl. Broadband Commission (2014), S. 20.

© Springer Fachmedien Wiesbaden 2015
C. Etezadzadeh, *Smart City – Stadt der Zukunft?*, essentials,
DOI 10.1007/978-3-658-09795-0_6

schen LTE, 2011 waren es bereits 13,2 Mio., 2012 100 Mio. und bis 2016 soll es mehr als eine Milliarde Nutzer geben.[6] Demnach haben immer mehr Menschen, zu Hause und unterwegs, direkten High-Speed-Netzzugang, was die Grundlage für die Digitalisierung des Geschäfts- und Privatlebens markiert und den Durchbruch der „digitalen Dominanz" fundamentieren kann.

Für eine zunehmende Zahl an Menschen spielt sich ein wachsender Teil ihres Lebens im Internet ab. Online-Shopping, soziale Netzwerke, Entertainment (Musik, Film und Fernsehen, Gaming, Fotodienste usf.), Partner- und Jobbörsen, Korrespondenz und Telefonie, Banking und Trading, berufliche Inhalte, die Informationsversorgung und vieles mehr beschäftigen und binden Nutzer ans Netz. So entsteht der bereits angesprochene Datenzwilling, der das Denken und Handeln der Nutzer dokumentiert und die virtuelle Community als unheilvolle Variante einer Dorfgemeinschaft erscheinen lässt, nicht nur weil sie größer, heterogener, breiter gestreut, anonymer und in der Folge latent krimineller ist als ihr reales Pendant, sondern auch, weil sie gleichzeitig nichts vergisst. Die öffentliche Selbstauslieferung in Form von Daten lässt sich durch die Nutzung von tragbaren Geräten aber noch steigern. Neben Smartphones und Tablets, die jederzeit registrieren, wo sich der Nutzer gerade aufhält, und die durchaus dazu in der Lage sind, diese Informationen beabsichtigt oder unbemerkt bildlich und akustisch zu untermauern, gibt es noch weitere mit dem Internet verbundene Gadgets wie Sports Activity Trackers, Smart Watches, Datenbrillen und andere Produkte, die zusätzliche personenbezogene Daten sammeln. Unterstützt wird diese digitale Kollekte durch den Trend des App-gestützten Self-Trackings[7], welcher den Nutzer zum Quanitfied Self, im Deutschen etwas unglücklich: zum „vermessenen Selbst", werden lässt. Menschen, die diesem Trend folgen, machen es sich zum Ziel, verschiedenste Daten (wie Schritte, Herzfrequenzen, Trainingseinheiten, Schlafqualität, Stimmungen, lebensweltliche Einflüsse, ihre Verdauungsaktivität usf.) meistens zum Zwecke der Selbstoptimierung oder der Selbsterkenntnis zu erheben. Diese verdateten Intimitäten werden über Apps gesammelt und interpretiert oder zum Ansporn mit anderen geteilt. Fortgeschrittene Applikationen fungieren zudem als digitaler Coach, der mit Blick auf die persönliche Weiterentwicklung Empfehlungen oder Ermahnungen ausspricht. Eine Steigerung erfährt diese Entwicklung von einer Strömung der Bio-Hacker, die über entsprechende Implantate zu vergleichbaren Zwecken ihren Körper mit technischen Geräten verschmelzen lassen wollen.[8]

---

[6] Vgl. Lam (2013), o. S.

[7] Vgl. zum Thema Self-Tracking: Werle (2014).

[8] Siehe zum Thema Biohacking: Binsch (2013).

Diese „Tamagotchifizierung" des Menschlichen mag möglicherweise amüsant anmuten, doch ist ein solch umfassendes Datenaufkommen mit Blick auf den Datensammelpunkt und dessen potenzieller Veruntreuung oder hinsichtlich der offiziellen Nutzung solcher und anderer leistungsbezogener Informationen durch (Kranken-)Versicherungen, Arbeitgeber oder Direktvermarkter eine abenteuerliche Vorstellung. Optimierungsprozesse sind für unseren Selbsterhalt essenziell, doch Ansätze wie die geschilderten, z. B. im professionellen Umfeld, töten Lebensfreude, Freude an der Arbeit, Gelassenheit, Kreativität, Kommunikation, Hilfsbereitschaft, behindern das Denken und rauben so letztlich Zeit. Sie erzeugen Stress und verschwenden damit Ressourcen. Sie sind folglich nicht resilient und laden dementsprechend nicht zu ihrer Verallgemeinerung ein.

Die Always-On-Mentalität ist in manchen Teilen der Gesellschaft bereits derart stark ausgeprägt, dass sich derzeit ein natürlicher Gegentrend entwickelt, der dem kontrollierten Verzicht huldigt: „Digital Detox ist (...) ein Zeitraum, in der eine Person auf die Benutzung elektronischer Geräte wie Smartphones oder Computer verzichtet – als Möglichkeit, Stress zu reduzieren und mit der physischen Welt zu interagieren."[9] ... und um anschließend wieder online zu sein. Angesichts der Verlagerung vieler lebensweltlicher Themen in das Internet wird die zum geflügelten Wort gewordene Aussage des Silicon-Valley-Investors Marc Andreessen nachvollziehbar: „Software is eating the world."[10] In seinem Plädoyer für die *Digitalisierung von Geschäftsmodellen* aus dem Jahr 2011 zählt er die zahlreichen Branchen auf, deren einstmaligen Marktführer heute durch softwarebasierte Unternehmen verdrängt wurden und macht deutlich, dass sich diese Entwicklung schonungslos fortsetzen wird. Auch nach Auffassung der Verfasserin sind Unternehmen weltweit aufgefordert zu reagieren. Es gilt unter Nutzung der bereits erwähnten 360°-Analyse zu prüfen, inwiefern das eigene Geschäftsmodell digitalisiert oder digital angereichert werden kann und ob es im Umfeld der Branche digitale Bedrohungen geben wird. Es muss geprüft werden, welche gesellschaftlichen Entwicklungen das eigene Geschäftsmodell beeinflussen und in welcher Form man deshalb zukünftig Kundenbedarfe decken sollte. In der digitalen Welt gilt wie zuvor, dass die Geschäftsmodelle und Produkte umfassend auf die Kundenbedarfe zugeschnitten werden müssen, um Erfolgschancen zu haben.

Tendenziell werden digitale Geschäftsmodelle und digitalisierte Produktionsprozesse bislang konventionell arbeitender Unternehmen weniger Mitarbeiter bedürfen; in jedem Fall werden sie Mitarbeiter mit anderen Qualifikationen benötigen, als sie der Großteil der heute verfügbaren Arbeitskräfte aufweist.

---

[9] Oxford Dictionary zitiert nach Dörner (2014), o. S.

[10] Vgl. Andreessen (2011).

6.2   Die Entwicklung des Internets aus Sicht der User

Natürlich unterliegt auch das Internet einer kontinuierlichen Fortentwicklung. Zur Kategorisierung der Entwicklungsschritte gibt es sicherlich unterschiedliche Auffassungen. Aus der Perspektive der Nutzer lassen sie sich vereinfachend wie folgt beschreiben:

Die *Web 1.0*-Nutzer hatten PCs und speisten das Netz z. B. durch das Anlegen von Verzeichnissen und statischen Homepages mit Daten, die schnell veraltet waren. Dabei entstand so etwas wie eine Fotosammlung der Welt, zeitlich versetzte statische Abbilder. Der Mensch fütterte die Maschinen mit Daten, um schneller zu finden, schneller zu rechnen, um die reale Welt zu dokumentieren und zu entrümpeln. Typische Anwendungen waren die Nutzung von Nachschlagewerken, Websites und von Suchmaschinen. Programme erstellten im Nutzeralltag z. B. Angebote und Berechnungen auf Basis von Tabellenkalkulationen. Der Web 1.0-Nutzer war vorrangig am Suchen und am Lesen und hinterließ dabei erste Spuren. In dieser Phase des Webs ging es vor allem um Inhalte. Das Web erzeugte die Chance auf Teilhabe und gegen Ende der Phase weltweiten Wissenszugang.

Heute gegen Ende der *Web 2.0*-Ära verwenden Nutzer seltener PCs, dafür tragbare Geräte und haben immer häufiger mobilen Zugang zum Netz. Informationen können auf verschiedenen dynamischen Wegen geteilt werden (bloggen, posten, chatten usf.). Durch Eingaben und maschinellen Vorschlägen folgend verknüpft der Mensch statische und dynamische Informationen. Es resultiert ein dynamisiertes Teilabbild der Welt und ihrer Prozesse, entsprechend einer losen, mit Echtzeit-Informationen gespickten Videosammlung. Der Mensch bildet ab, lernt und lehrt die Maschinen, welche Zusammenhänge und Interdependenzen es gibt, welche Interdependenzen unter bestimmten Voraussetzungen wünschenswert sind und welche nicht. Es geht um Komplexitätsbewältigung, darum, Kausalitäten und andere Formen des Zusammenspiels zu erkennen und zu verstehen. Typische Anwendungen sind Angebotsvergleiche, also die Strukturierung von Massendaten sowie Wikis, Blogs und soziale Netzwerke. Scoring-Modelle unterstützen die Entscheidungsfindung, Data Mining verbessert die Trefferquote individualisierter Werbung. Web 2.0-Nutzer finden, lesen und bringen sich in gleichem Maße ein. Sie erkennen, dass sie dabei einen Datenschatten hinterlassen, der einiges über sie verrät. In dieser Phase des Webs geht es um Vernetzung von Informationen. Das Web 2.0 generiert Kommunikation, lässt die Welt kleiner erscheinen, es vermittelt das Gefühl von Demokratisierung der Teilhabe und von zunehmender Transparenz.

In den kommenden Jahren steht die vollständige Umsetzung des *Webs 3.0* an. Nutzer haben tragbare Geräte und mobilen High-Speed-Zugang. Zudem sorgen in Geräten, Maschinen, Objekten, Produkten und Lebendigem, d. h. im Grunde aus nahezu allem heraus, eingebettete Systeme für Informationsaufkommen. Jedes Ding und manches Wesen bekommt seinen individuellen Zugang zum Netz mit einer eigenen Adresse. Zudem können die Dinge (z. B. Produktionsapparate) selbst aktiv werden und angesichts ihres Zustands (z. B. Einsatzbereitschaft) Entscheidungen treffen (z. B. Auftrag annehmen). Die Datenerhebung erfolgt nun über Maschinen, welche die adressierten Dinge und Wesen nach ihrem eigenen Zustand und dem Zustand ihres Umfeldes befragen. So entstehen Berge an Daten (Big Data). Alles Mögliche wird virtualisiert, sodass sich ein „3D-Internet" oder ein „Internet of Everything" ergibt. Es resultiert eine Parallelisierung der realen und der virtuellen Welt, ein dynamisches Echtzeitabbild der Welt. Selbstoptimierende und -lernende Systeme integrieren die Daten und beginnen, anhand der hohen Datenverfügbarkeit Muster zu erkennen, d. h. deren Bedeutung zu verstehen. Der Mensch als Fehlerquelle (z. B. bei Eingaben) fällt zunehmend weg, ebenso wie analoge Prozessbrüche. Systeme sprechen basierend auf vom Menschen geschaffenen und maschinell optimierten Algorithmen komplexe Handlungsempfehlungen aus. Sie bereiten Informationen in neuen Formen, aus neuen Perspektiven und in neuen Zusammenstellungen auf, so dass beispielsweise Suchmaschinen der Zukunft hochkomplexe Fragen eigenständig werden beantworten können.[11] Aus Big Data werden Smart Data. Typische Anwendungen können in der Zusammenführung von Daten zur individuellen Informationsversorgung liegen, welche z. B. die Grundlage für Forschung oder für Geschäftsmodelle sein kann. Programme werden, auf Basis von komplexen Analysen der weltweit verfügbaren Massendaten mit zahllosen Parametern Handlungsempfehlungen aussprechen. Sie werden personenspezifische Krebstherapien zuschneiden, datenbasierte Stadtplanungsentwürfe entwickeln oder betriebliche Optimierungsmaßnahmen entlang ganzer Wertschöpfungsketten herleiten. Nutzer des Webs 3.0 werden gemeinsam mit ihrem Datenzwilling in einem Kontext stehen. Menschliche Entscheidungen werden dadurch zunehmend nachvollziehbar und vorhersehbar. Es geht um Erkenntnisgewinn. Berge von Rohdaten sind für den Menschen bedeutungslos und unverständlich wie das Leben selbst. Maschinen strukturieren die verfügbaren Informationen, kombinieren sie auf vielfältige Weise und generieren so Bedeutung und Erkenntnis. Technikaffine Menschen erhoffen sich Antworten auf ungelöste Fragen, Optimierungen und Lösungen, die das Weltgeschehen entlasten, verbessern, bewältigbarer erscheinen lassen und nachhaltiger machen. Die Frage lautet, was macht am Ende dieser Phase die Bevölkerung?

Auch das *Web 4.0* wird nicht lange auf sich warten lassen. Noch in den 2020er-Jahren wird es nach Auffassung der Autorin universellen Embedded Access geben.

---

[11] Vgl. hierzu: Berners-Lee (2009).

Durch eingebettete Systeme, durchaus auch in Form von winzigen Implantaten, später in Form von Nanocomputern, könnten fortschrittliche Nutzer durchgängigen Systemzugang haben, dadurch aber auch für sich und andere zugänglicher bis kontrollierbar werden. Experten gehen davon aus, dass es maschinelle Personal Agents geben wird, die direkt und in vermenschlichter Art mit Nutzern kommunizieren werden. Die Welt bzw. ihre Prozesse könnten, beabsichtigt oder nicht, in weiten Teilen über das Internet bzw. wenige Supercomputer gesteuert werden. Algorithmen werden umfassender als heute Entscheidungen autark treffen und selbstständig umsetzen können (vgl. hierzu den automatisierten Hochfrequenzhandel). Das Netz hätte folglich das Potenzial, zu einer steuernden Parallelversion der Welt mit einer Tendenz zur Dominanz zu werden. Der Mensch generiert in diesem Kontext vorrangig passiv Daten, die von Maschinen erfasst, analysiert und interpretiert, zu Lösungsverfahren geformt und umgesetzt werden. Was im Web 2.0 Scoring-Systeme oder Systeme im automatisieren Wertpapierhandel waren, im Web 3.0 die empfohlene Verteidigungsstrategie oder die Industrie-4.0-Fabrik, kann demnach im Web 4.0 die vollständig maschinell-autonom durchgeführte Krankheitsdiagnose mit anschließender (Tele-) Operation am Herzen sein. Die Web-4.0-Nutzer könnten demnach maximal entlastet werden, wären aber potenziell über ihren Datenzwilling oder technische Implantate, Nanocomputer etc. beeinflussbar. Im Grunde ginge es in dieser Phase der Entwicklung um die Machtfrage.

All das mag utopisch klingen, doch zeichnen sich diese Entwicklungen im aktuellen Weltgeschehen bereits ab. Blickt man auf die Entwicklungen im Bereich der künstlichen Intelligenz, das Gesetz der sich beschleunigenden Entwicklung („law of accelerating returns") und S-Kurven-förmige Innovationszyklen, wie es beispielsweise der Zukunftsforscher und Google-Entwicklungs-Chef Ray Kurzweil tut[12]; und realisiert man, was die Kraft des exponentiellen Wachstums bedeutet, dass wir aber nach wie vor in linearem Denken verhaftet sind, dann darf man davon ausgehen, dass sich gerade eine nächste sprunghafte Entwicklungsphase ankündigt, die mit dem Fortschritt in den vergangenen zwanzig Jahren zumindest Schritt halten wird. Man gewinnt außerdem den Eindruck, dass der Moment des erforderlich werdenden Abschaltens überraschend kommen könnte.

Insgesamt wird die Gesellschaft vulnerabler. Softwaremanipulationen und Schadprogramme verursachen schon heute wirtschaftliche und physische Schäden in der realen Welt.[13] Experten fordern deshalb digitale Resilienz und die Einrichtung von umfassenden Sicherheitsmaßnahmen in diesem Bereich. Damit dieser Sicherheitsbedarf erkannt werden kann, entsprechende Maßnahmen gesellschaftlich akzeptiert und honoriert werden und in das politische Tagesgeschäft einfließen,

---

[12] Vgl. hierzu: Kurzweil (2005).
[13] Vgl. hierzu: ARD (2015).

sollte gesellschaftliche Aufklärung stattfinden, die u. a. dazu führt, dass Nutzern die Konsequenzen ihres Handelns bewusst gemacht werden.

6.3 Was bedeutet die Digitalisierung für eine nachhaltige Stadt?

In den vorangegangenen Kapiteln dieser Abhandlung wurde aufgezeigt, welchen vielfältigen Herausforderungen Städte gegenüberstehen (siehe hierzu Abb. 6.1). Ohne den Einsatz technischer Innovationen werden diese Aufgaben, insbesondere in großen und in schnell wachsenden Städten, nicht zu bewältigen sein. Technische Lösungen, nicht als Selbstzweck, sondern als befähigendes Element (Enabler), werden in Städten Funktionsfähigkeit ermöglichen. Digitale Resilienz, Datenschutz, diskriminierungsfreier Datenzugang, echter Gebrauchs- oder Entlastungsnutzen von Innovationen sowie die Berücksichtigung von gesundheitlichen Aspekten sind dabei obligatorisch, um die Stadtbewohner für geplante Implementierungen gewinnen zu können.

Wie verändert sich die Stadt durch die Digitalisierung? Städte benötigen effektiv und effizient arbeitende Infrastrukturen. Insbesondere die Sektoren Energie, Verkehr, Sicherheit sowie im nächsten Schritt die Bereiche Gesundheitsversorgung und Bildung dürften tiefgreifenden Umstellungen unterzogen werden. In der Umsetzung bedeutet dies, dass – wie zuvor in Zusammenhang mit dem Web 3.0 dargelegt – die Stadt mit Datensammelpunkten versehen wird. Beispielsweise wird in Straßen das Verkehrsaufkommen gemessen, an Bushaltestellen der Kapazitätsbedarf, Straßenlaternen messen Umweltdaten und Mülltonnen ihre Füllstände. Die erhobenen Daten werden in Echtzeit an zuständige Stellen übermittelt und sollen zeitnah entsprechende Reaktionen auslösen.

Darüber hinaus entstehen durch eingebettete Systeme in Produkten, durch „Smart Homes" und Smartphones, durch Aktivitäten der Akteure, die Nutzung von Online-Diensten, Transaktionen sowie durch Bewegung und Veränderung ebenfalls Daten. Je umfassender die Stadt, ihre Infrastrukturen inkl. ihrer Gebäude, ihre Systeme, Maschinen, Objekte und Produkte mit Sensornetzen und/oder eingebetteten Systemen ausgestattet sind und je mehr Dienste online verfügbar sind und in Anspruch genommen werden, desto mehr Daten werden kontinuierlich generiert.

Um die Verbreitung von Datensammelpunkten effizient zu gestalten und dem *ubiquitious computing* eine Spur an Einhalt zu gebieten, sollen sie – die Datensammelpunkte – schon vor der Implementierung konsolidiert werden. Das heißt: Ein Sensor misst nicht nur eine Variable (z. B. Helligkeit), sondern gleichzeitig mehrere Werte (z. B. zusätzlich die Temperatur, Bewegung usf.). So kann ein sehr günstiges und sehr kleines System nicht nur einem Empfänger, sondern gleich mehre-

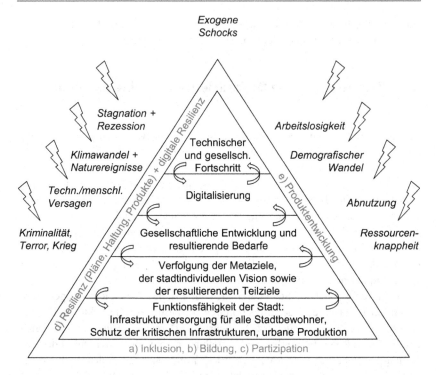

Abb. 6.1 Herausforderungen von Städten. Die verschiedenen Ebenen durchdringen sich, hier angedeutet durch die Pfeile zwischen den Stufen. Der Sicherheitsrahmen aus a) Inklusion, b) Bildung, c) Partizipation, d) Resilienz und e) Produktentwicklung schützt die Stadt vor Bedrohungen. (Quelle: Eigene Darstellung)

ren Interessenten Auskunft über seinen Zustand und sein Umfeld geben. Um den verschiedenen Interessenten Zugang zu den Daten zu verschaffen, können nicht personengebundene Daten an einem gemeinschaftlichen Punkt, z. B. auf einer städtischen Datenplattform, gesammelt werden. Jeder kann sich dort der Daten bedienen, die er für seine Zwecke benötigt, und seine Prozesse durch die verfügbaren Informationen optimieren. Das schafft Transparenz und stellt kein Problem dar, solange die Zwecke allgemein verträglich sind.

Auf diese Weise entstehen Berge an Daten, die zunächst, angesichts ihrer Masse, nicht sehr aussagekräftig sind. Man spricht hierbei von Big Data. Um aus den Massendaten informative Daten machen zu können, benötigt man Algorithmen.

Algorithmen verarbeiten Datenberge zu Aussagen. So können auf Basis des kontinuierlichen Datenaufkommens vergangene oder gegenwärtige Abläufe abgebildet, Muster erkannt und zukünftige Prozesse prognostiziert werden. Aus Mustern entstehen informative Daten, Smart Data.

Durch die Verfügbarkeit von Daten im beschriebenen Umfang könnte beispielsweise die Steuerung des Drucks in den Wasserleitungen, der Einsatz der Busflotte oder die Verteilung von Streifenwagen vor, nach und während eines Fußballendspiels optimiert werden. Daten können Geschäftsmodelle befruchten, Werbung optimieren und Entrepreneurship fördern. Voraussetzungen hierfür sind die Verfügbarkeit von stabilen Breitbandnetzen zur sicheren und echtzeitfähigen Übertragung großer Datenmengen und hoher Datenraten sowie die Nutzung von Hochleistungs-Rechenzentren oder Cloud Computing. Damit verändern kleinste eingebettete Systeme, bestehend aus Mikrocontrollern, Sensoren, Aktoren, Identifikatoren und Kommunikationssystemen oder Elementen davon die Möglichkeiten des Stadtmanagements.[14]

In Sicherheitszentren kann ein Echtzeitabbild der Stadt, ergänzt um Kamerabilder von Knotenpunkten, für die Steuerung von effektiven und koordinierten Maßnahmen dienen. Was in der Stadt funktioniert, funktioniert gleichermaßen in ihren Produktionsstätten. Dort wird nach dem Prinzip „Industrie 4.0"[15] produziert. Selbstlernende, kommunizierende und selbststeuernde Maschinen haben die Produktion über ganze Wertschöpfungsketten hinweg optimiert und arbeiten Aufträge koordiniert und eigenständig ab. Intelligente Werkstoffe finden ihren Weg in intelligente Produkte, die in der Lage sind, den urbanen Gestaltungsansatz bis zu ihrem Recycling in allen Produktphasen zu unterstützen. Der Mensch wird durch diese Maßnahmen sehr stark entlastet, aber auch ersetzt. Menschliche Fehler werden vermieden, aber menschliche Vernunft geht in diesen Cyber-physischen Systemen an vielen Stellen verloren.

Städte können durch die Digitalisierung transparenter, sicherer und funktionsfähiger werden, aber ebenso anfälliger für Sabotage. Digitale Resilienz, Datenschutz und Informationssicherheit werden vor diesem Hintergrund an Bedeutung gewinnen. Es wird Urteilskraft erfordern, einzuschätzen, in welchem Umfang wir dieser Technisierung, Automatisierung, Digitalisierung, Vernetzung und Dezentralisierung in unseren Städten bedürfen. Die gesellschaftliche Entwicklung und resultierende gesellschaftliche Bedürfnisse, der Anschlusswille an den technischen Fortschritt sowie die digitale Revolution werden diesen Umfang höchstwahrscheinlich sprengen.

---

[14] Vgl. hierzu: BITKOM, IAO (2014).
[15] Vgl. hierzu: BITKOM, IAO (2014).

Die Stadt der Zukunft 7

7.1 Der Energiesektor (Strom)

Nachdem technologische Neuerungen viel Raum im modernen Leben und in einer nachhaltigen, digitalisierten Stadt einnehmen werden, stellt sich u. a. die Frage, wie der sie begleitende Strombedarf gedeckt werden soll? Die allgemeine Steigerung der Energieeffizienz und die systematische Reduzierung des Energieverbrauchs bis hin zu dessen Vermeidung werden als disponibilierende Maßnahmen nicht ausreichen. Die Grundlage für die digitale Revolution bzw. die dritte industrielle Revolution in nachhaltigen Städten bildet regenerativ erzeugte und in hohem Maße verfügbare Energie. Die nachhaltige, digitale Stadt, bezeichnen wir sie als *Smart City*, lässt sich ohne einen revolutionierten Energiesektor nicht umsetzen. Hierzu ist eine urbane Energiewende durch die Realisierung eines *Smart Grids* erforderlich. Abbildung 7.1 stellt die Elemente eines urbanen, nahezu decarbonisierten Energiesektors schematisch dar.

Im Rahmen einer solchen Energiewende wird die Energiegewinnung dezentralisiert. Verbraucher (z. B. Haushalte, öffentliche Einrichtungen, Unternehmen) erzeugen in weiten Teilen selbst Energie. Diese Erzeugerstrukturen werden durch dezentrale Anlagen des städtischen Energieversorgers zur Versorgung von kleineren Verbrauchseinheiten ohne Eigenproduktion (z. B. Mietshäuser, Straßen, Viertel) ergänzt. Sämtliche Erzeugungseinheiten arbeiten vollständig auf Basis regenerativer Energien.

Für Sonder- und Notsituationen oder für Phasen geringer Verfügbarkeit erneuerbarer Energien hält der städtische Energieversorger flexible Reservekraftwerke vor, in welchen kurzfristig und ressourceneffizient Strom produziert werden kann.

© Springer Fachmedien Wiesbaden 2015
C. Etezadzadeh, *Smart City – Stadt der Zukunft?*, essentials,
DOI 10.1007/978-3-658-09795-0_7

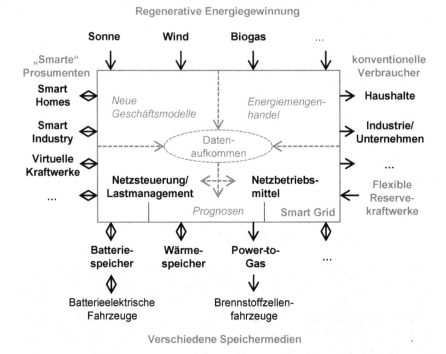

Abb. 7.1 Energieversorgung (Strom) in der nachhaltigen, digitalisierten Stadt. (Quelle: Eigene Darstellung)

Dies bietet einerseits Versorgungssicherheit, andererseits dient die Reserve dem Lastmanagement und der Netzsteuerung.

Haushalte („Smart Homes") sind demnach in der Regel Prosumenten und können nun Strom erzeugen, speichern, verbrauchen und über bidirektionale Netze nicht nur zukaufen, sondern ebenso einspeisen. Gleiches gilt für die anderen Verbraucher, die – wie die Haushalte – ihr Stromnutzungs- und Nachfrageverhalten ohne größere Einschränkungen an dessen Verfügbarkeit und das aktuelle Preisniveau anpassen. Mehrere kleine bzw. lokale Erzeugungs- und Speicherkapazitäten werden zu virtuellen Kraftwerken zusammengeschlossen. So können sie netzgerecht in die Energieversorgung integriert werden und nachfrageabhängig signifikante Strommengen (Regelenergie) flexibel bereitstellen.

Um die Versorgung trotz der volatilen Energiegewinnung aus erneuerbaren Ressourcen durchgängig sicherzustellen, wird es verschiedene Möglichkeiten der Reservebildung durch Speicher geben. Immer marktfähiger werdende Batteriespeicher, Wärmespeicher, Power-to-Gas-Lösungen und andere zukünftig verfügbare Speichervarianten werden dabei zur Verfügung stehen. Brennstoffzellenfahrzeuge werden mit dem so erzeugten Wasserstoff gespeist und größere Flotten batterieelektrischer Fahrzeuge dienen zur Strom-Zwischenspeicherung und der Glättung von Lastspitzen. E-Fahrzeuge von Haushalten mit integrierten Energiemanagementsystemen unterstützen zunächst die optimierte Eigenversorgung, später, zusammengeschlossen, die Quartiersversorgung usf.

Um die verschiedenen Stromproduzenten, Speicher, Verbraucher und Netzbetriebsmittel zu vernetzen und zu steuern, werden sie über Kommunikations- und Energienetze zu einem Smart Grid zusammengeschlossen. Die Energienetze werden an die neuen anspruchsvollen Herausforderungen hinsichtlich Lastmengen, Volatilität und Bidirektionalität angepasst. Ergänzende Kommunikationsnetze helfen, die unstete Produktion und den unvorhersehbaren Verbrauch zugunsten der Netzstabilität zu koordinieren.

Durch die durchgängig installierten Smart Meter und das intelligente Netz entsteht ein sehr hohes Datenaufkommen. Die Analyse der Metadaten erlaubt es, hilfreiche Bedarfsprognosen zu erstellen, die es, zusammen mit anderen Prognosedaten (z. B. Wetter, Kapazitäten, Anlagenverfügbarkeiten usf.), dem Netzbetreiber und damit der städtischen Verbrauchs- und Erzeugungsgemeinschaft ermöglichen, effizient und netzerhaltend zu wirtschaften. Teile dieser Daten könnten in den städtischen Datenpool einfließen. Die Stadtgemeinschaft sollte zur Datenfreigabe allerdings dezidiert befragt werden.

Für Energieversorger ergeben sich in diesem Zukunftsbild völlig neue Wertschöpfungsstrukturen. Maßgeschneiderte Lösungen für ihre nunmehr selbstproduzierenden Kunden sowie neue Services werden ihr Tätigkeitsspektrum (teilweise in branchenübergreifenden Kooperationen) erweitern bzw. ersetzen. Neue Marktrollen, z. B. als Dienstleister im Bereich des Stromhandels, werden entstehen, die es frühzeitig mit entsprechenden Produkten zu besetzen gilt.

Aktuelle Untersuchungen der Autorin zielen auf die Neuausrichtung von Energieversorgern ab.[1] In den vergangenen Jahren lautete eine ihrer vornehmlichen Empfehlungen, „die Kunden ins Unternehmen zu holen", um deren Bedarfe besser

---

[1] Dabei kommt insbesondere Stadtwerken aufgrund ihrer Schnittstellenfunktion im urbanen Kontext eine besondere Rolle zu.

zu verstehen und bedienen zu können. Nachdem die uneingeschränkte Kunden-
orientierung als KVP verankert wurde, gilt es nun, „das Unternehmen zum Kunden
zu bringen", um trotz der bevorstehenden Dezentralisierung die Kundenbeziehun-
gen dauerhaft aufrechtzuerhalten und gegen neue Akteure zu verteidigen.

Durch die neue Rolle von E-Fahrzeugen eröffnen sich in diesem Zusammenhang auch für die Automobilhersteller neue Chancenräume. Im Zusammenspiel
mit Energiemanagementsystemen und aufgrund des bidirektionalen Ladens werden Fahrzeuge eine neue gesellschaftliche Position einnehmen. Von der kostenver-
ursachenden Ich-Erweiterung werden sie zum vielseitigen, sich teilweise amorti-
sierenden Enabler. Für Energieversorger, Fahrzeughersteller und weitere Branchen
ergeben sich prüfenswerte Kooperationsmöglichkeiten mit hoher Aktualität.

7.2   Aufbau und Merkmale einer Smart City 2.0

Nun kennen wir einige zentrale Herausforderungen von Städten, nahmen Einblick
in ihre Gesellschaft, durchdachten ihre Digitalisierung und wissen, was sie an-
treibt. Im Folgenden sollen die gewonnenen Erkenntnisse in ein Anforderungs-
profil einer Smart City im Sinne einer nachhaltigen, digitalisierten Stadt überführt
werden. Hierzu wurden in der Literatur bereits zahlreiche Ansätze entwickelt. Um
diesen Vorarbeiten Rechnung zu tragen und den erweiterten Anforderungen dieser
Ausarbeitung Ausdruck zu verleihen, beschreiben wir im Folgenden die Merkmale
einer *Smart City 2.0.*

Abbildung 7.2 visualisiert die Ergebnisse. Sie zeigt den schematischen Aufbau
einer Smart City 2.0, anhand dessen wir die Merkmalsliste erstellen werden. Der
Aufbau kann durch sieben Befähigungsebenen (*Enabler*) beschrieben werden:

1. Natürliche Grundlagen
2. Städtische Akteure und deren Beiträge
3. Integrierte Stadtverwaltung und Urban Governance
4. Ziele und Visionierung
5. Infrastrukturen
6. Schicht der Informations- und Kommunikationstechnologie
7. Resilienz

Ad 1. Als natürliche Enabler werden hier das *Klima, die natürliche Umwelt
sowie die begrenzten Ressourcen* der Stadt bezeichnet. Sie bilden die notwendige
Grundlage für jede Form städtischen Lebens und sind entsprechend zu schützen
und zu bewahren. Kontrollierte Entnahmen und Rückführungen von Material,

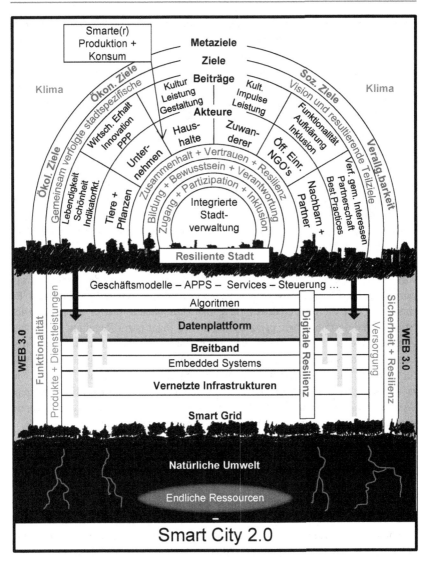

Abb. 7.2 Aufbau einer Smart City 2.0. (Quelle: Eigene Darstellung)

welche eine natürliche Regeneration erlauben, sowie der vollständige Verzicht auf Schadstoff-Emissionen sind das perspektivische Ziel einer Smart City 2.0.

Ad 2. Die zweite Ebene beschreibt die *menschlichen und lebendigen Akteure*. Die Bewohner und ihre Interessen sind die Ursache des städtischen Lebens. Sie machen die Stadt lebendig. Sie gestalten die Stadt und sie sind die Stadt. Daher ist es neben dem Erhalt der städtischen Existenzgrundlage ebenso notwendig, dass die Stadtverwaltung im Interesse der Bewohner handelt. Sie sollte deren durchaus konfligierende Bedürfnisse zum Ausgangspunkt aller Aktivitäten machen, ihre vielfältigen Beiträge sowie ihren Zugang, ihre Inklusion und Partizipation fördern (inkl. Wirtschaftsförderung). Durch Bildungsmaßnahmen für die Akteure sollte Bewusstsein und das Gefühl von Verantwortung geschaffen werden. Dies bildet die Grundlage für Zusammenhalt, der eine vertrauensvolle und resiliente Gemeinschaft („Smart Citizens") hervorbringen kann, die für ihre gemeinsamen Ziele (z. B. Umweltschutz, maßvoller Technologieeinsatz, Datenschutz etc.) eintritt. Smart Citizens sind sich ihrer Abhängigkeiten und vielfältigen Verantwortung bewusst. Sie produzieren und konsumieren dementsprechend vorrangig verallgemeinerbare Produkte.

Ad 3. Die dritte Ebene wurde bislang nicht thematisiert. Sie steht für eine *integrierte Stadtverwaltung*, welche ihre Aktivitäten am Konzept der *Urban Governance* orientiert. Urban Governance bezeichnet einen kontinuierlichen Prozess. Er dient dem Ziel, die verschiedenen Pläne und Aktivitäten formeller und informeller Strukturen des öffentlichen, privaten und zivilen Sektors zur Regelung städtischer Angelegenheiten zu integrieren, um gemeinsame Handlungsfähigkeit anzustreben.[2] Die Stadtverwaltung vertritt auf allen staatlichen Verwaltungsebenen die Interessen der Stadt und schafft deren politischen und regulatorischen Rahmen. Sie ist zuständig für das kommunale Management und die Investitionsentscheidungen. Auf diese Weise gestaltet sie alle Befähigungsebenen koordiniert sowie im Sinne der städtischen Ziele und eines integrierten Stadtentwicklungsplanes mit.

Die integrierte Stadtverwaltung hat sich strukturell, organisatorisch und prozessual angepasst. Sie strebt nach Effizienz, Transparenz und Nachhaltigkeit und tritt für das Prinzip der Subsidiarität ein. Transparenz bezüglich ihrer Performanz ist eine Selbstverständlichkeit, die ressortübergreifende, intersektorale und interdisziplinäre Zusammenarbeit ebenso. Sie ist entscheidungs- und handlungsfähig. Bürokratieabbau, die Digitalisierung von Verwaltungsakten, Partizipationsverfahren, Incentivierungsverfahren für „Good Citizenship", die Wirtschaftsförderung sowie öffentlich-private Partnerschaften werden kontinuierlich weiterentwickelt.[3]

Ad 4. Die Stadtverwaltung erarbeitet mit den Bürgern eine stadtspezifische, nachhaltige Vision auf Basis der vier Metaziele. Aus der Vision leiten sich spezi-

---

[2] Vgl. UN-HABITAT (2002), o. S.
[3] Vgl. hierzu: UN-HABITAT (2002), o. S. und GDRC (o. D.), o. S.

fische Handlungsziele ab, der sich die Akteure verpflichtet fühlen, da sie gemeinschaftlich erarbeitet wurden. So entsteht das städtische Zielsystem, hier bezeichnet als die Ebene der *Ziele und Visionierung*.

Ad 5. Die fünfte Ebene betrifft die *Infrastrukturen*. Sie besteht aus richtig dimensionierten, flexiblen, vernetzten, integrierten, ressourceneffizient und effizient arbeitenden Infrastrukturen (hier alle Infrastrukturen der Stadt trotz Überschneidungen mit anderen Ebenen). Als Teil eines integrierten Stadtentwicklungsplanes ermöglicht die intersektorale Verknüpfung von Infrastrukturen die Verwirklichung von Synergien, eine hohe Informationsverfügbarkeit, die ganzheitliche Steuerung von Prozessen sowie die Realisierung von Skaleneffekten, Verbundeffekten und Dichtevorteilen. Durch die urbane Energiewende steht der Stadt ausreichend Energie zur Verfügung, welche regenerativ gewonnen wird.

Ad 6. Die *Informations- und Kommunikationstechnologie* bildet eine eigene, alle städtischen Befähigungsebenen überspannende Schicht. Sie ermöglicht die Integration der Infrastrukturen und zahlreicher städtischer Prozesse. Sie unterstützt, mit Ausnahme der natürlichen Enabler, sämtliche Befähigungsebenen umfassend bei deren Zielerreichung und Beitragserbringung. Möglicherweise macht eine städtische Datenplattform die vielerorts erhobenen Daten, unter Sicherstellung des Datenschutzes und höchster Informationssicherheit, allen Stadtbewohnern zugänglich. Dennoch hat der Software-Einsatz in der Smart City 2.0 Grenzen. Einer technischen Dominanz über das Menschliche wird vorgebeugt. Menschliche Urteilskraft und Vernunft bleiben die Grundlagen von Entscheidungen.

Ad 7. Durch die erforderliche Digitalisierung, natürliche und anthropogene Bedrohungen wird die Stadt verwundbarer. Durch digitale Resilienz, *Resilienz* im Bereich der Infrastrukturen und durch die Diversifikation der urbanen Produktion (urbane Teilautarkie), durch Resilienz im Prozess- und Produktdesign sowie durch einen weitreichenden Kulturwandel in der Stadt strebt sie nach dem Erhalt ihrer Funktionsfähigkeit und der Sicherheit ihrer Bürger.

7.3   Was ist eine Smart City 2.0?

Eine Smart City 2.0 kann demnach wie folgt beschrieben werden:

Eine auf den individuellen und städtischen (Selbst-)Erhalt ausgerichtete, sich aus allen menschlichen Akteurs-Gruppierungen der Stadt rekrutierende Gemeinschaft. Sie richtet ihre Verhaltensweisen (inkl. Produktion und Konsum) umfassend am städtischen, gemeinsam auf Basis der Metaziele (Nachhaltigkeit und Verallgemeinerbarkeit) erarbeiteten Zielsystem aus und tritt für ihre vielfältigen und gemeinschaftlichen Ziele, für ihre Souveränität als Konsumenten, Bewohner und

Menschen sowie für die Tier- und Pflanzenwelt der Stadt ein. Dabei bedient sie sich in weiten Teilen technischer Einrichtungen, ohne dass diese unkontrolliert expandieren, das urbane Leben dominieren und Entscheidungshoheit erlangen. Es ist das einvernehmliche Ziel der menschlichen Akteure, die Funktionsfähigkeit der Stadt und die Sicherheit der Bewohner zu jeder Zeit aufrechtzuerhalten. Vernetzte und integrierte Infrastrukturen werden als Grundlage dieser Funktionsfähigkeit erkannt, demgemäß behandelt und entsprechen effektiv den Versorgungsbedarfen der Stadtbewohner. Zugunsten der Funktionsfähigkeit wurde eine umfassende Kultur der Resilienz realisiert.

Die Akteure haben durch Bildung ein Bewusstsein für die städtische Gesamtsituation und Verantwortung für die Begegnung urbaner Bedrohungen entwickelt. Durch Zugang, Inklusion und Partizipation werden die Akteure aktiviert. Es entsteht Zusammenhalt, Vertrauen und mehr Sicherheit. Die integrierte Stadtverwaltung fördert diese Entwicklungen sowie die Beitragserbringung der Akteure (inkl. der Wirtschaftsförderung) und handelt nach dem Prinzip der Urban Governance. Durch koordiniertes Handeln und bewusste Investitionsentscheidungen lenkt sie die Stadtentwicklung im Sinne des städtischen Zielsystems und eines integrierten Stadtentwicklungsplans.

7.4 Fazit

Was sagt uns das alles? Blicken wir zunächst auf die Wirtschaft. Städte brauchen Unternehmen, die den Kontext Stadt mit seinen Herausforderungen ganzheitlich erkennen und Lösungen für die städtischen Bedarfe entwickeln, welche den hier beschriebenen Produktanforderungen möglichst gerecht werden. Die Produktpalette spannt sich einerseits von robusten Basis-Infrastrukturen für Städte, die mit grundlegendsten, aber dramatischen Ver- und Entsorgungsproblemen kämpfen, bis hin zu integrierten Hochtechnologie-Lösungen für Megacities mit Megaprozessen. Andererseits reicht sie von „Smallness" und Resilienz generierenden Mikro-Geschäftsmodellen bis hin zu Killerapplikationen; beides Ansätze, welche der anhaltenden Stagnation und zunehmenden Arbeitslosigkeit entgegenwirken können. Grundlage dieses Wirtschaftens muss, wie dargelegt, eine globale Energiewende sein, für welche die Voraussetzungen ebenfalls zu schaffen sind.

Es werden neue Geschäftsmodelle und neue Wertschöpfungsketten auf Basis intersektoraler Kooperationen entstehen. Aufgrund der wirtschaftlichen Restriktionen der Städte werden mit den Geschäftsmodellen neue Finanzierungskonzepte einhergehen müssen. Möglicherweise wird dies neue Rentabilitätskriterien, langfristige Investments und teilweise ein neues Wachstumsverständnis erfordern.

Gleichzeitig werden neue Akteure und die Digitalisierung bestehende Strukturen unterwandern. Die Komplexität und Interdisziplinarität der Projekte werden alle Beteiligten vor neue Herausforderungen stellen. Es bedarf systemischer Methodenkompetenz, der Bereitschaft und Fähigkeit zu synthetischem Denken sowie eines multilateralen Schnittstellenmanagements. Städte müssen sich strukturell, organisatorisch, regulativ und verfahrensseitig auf diese Anforderungen vorbereiten. Trotz all dieser Hürden sind Städte als zentrale Zukunftsmärkte mit großem Wertschöpfungspotenzial zu werten, die es zu erschließen gilt.

Im sozio-kulturellen Bereich entpuppte sich die Rolle der Stadtbewohner als eine recht anspruchsvolle: Sie sollen Bildung erhalten, Verantwortung übernehmen und bedachter konsumieren. Ein Großteil der Stadtbewohner ist aber bereits mit dem täglichen Kampf um das Überleben völlig ausgelastet. Sie sind weit davon entfernt, zusätzliche Verantwortung übernehmen zu können und im Konsum zu wählen. Bessergestellte Menschen hingegen haben möglicherweise kein Interesse an dieser Form der Souveränität. Die durch das Internet ermöglichte, aber in weiten Teilen gar nicht eingeforderte Mündigkeit kostet schließlich Zeit und generiert Aufwand.

Der einzige erkennbare Weg zur Überwindung dieser Hemmnisse führt über die Bildung. Sie birgt die Chance auf Versorgung und damit die Grundvoraussetzung für Anteilnahme. Bildung fördert das Erkenntnisinteresse, die Verarbeitung von Erfahrungswissen und kann so Urteilskraft entstehen lassen. Durch Bildung können Menschen lernen, was ihnen und ihrem Umfeld gut tut oder schadet. Möglicherweise ist die Fähigkeit zu differenzierter Wahrnehmung eine allgemeine Anforderung des 21. Jahrhunderts. Denn wir müssen heute entscheiden, wie wir in einer unmittelbar bevorstehenden Zukunft leben wollen.

Städte haben große Chancen, sich als kleinere und größere Einheiten von innen heraus zu verändern. Sie sind dazu in der Lage, Umkehrprozesse in Gang zu setzen – trotz der teilweise unbewältigbar erscheinenden Herausforderungen (wie irreversibler Vernichtung oder fortwährender Verslumung) sowie trotz der gegebenen wirtschaftlichen Restriktionen. Auch hier greifen die Gesetze des exponentiellen Wachstums. Ihr wertvollstes Instrument sind dabei vernunftbegabte Menschen, die denken und (frei nach Kant) den Mut haben, sich ihres eigenen Verstandes zu bedienen. Sie sind die Grundlage für die bewusste Gestaltung lebenswerter Städte und den Erhalt unserer natürlichen Umwelt.

Erlauben Sie mir am Ende dieser Abhandlung noch eine persönliche Einschätzung:

Wir können rational erkennen, dass grenzenloses Wachstum der Wirtschaft und der Inanspruchnahme der Natur in der heute gelebten Form in einer Welt mit begrenzten Ressourcen nicht möglich ist.[4] Um uns neben dieser rationalen Erkenntnis auch emotional darüber klar werden zu können, warum wir die natürliche Vielfalt bewahren und Hilflose(s) schützen sollten, müssten wir wieder mit dem Lebendigen verbunden werden und ein diesbezügliches Erkenntnisinteresse entwickeln.

Erst die Auseinandersetzung mit dem Wesen des Anderen ermöglicht es uns, dem Anderen gerecht zu werden.[5] Aus einer solchen Haltung kann maßvolles Handeln durch Mitgefühl entstehen. Mitgefühl für geknechtete Menschen, für misshandelte und zu Massenware verarbeitete Tiere sowie für unsere krankende Umwelt. Das wäre wünschenswert, denn Mitgefühl und das rechte Maß (auch uns selbst gegenüber) sind möglicherweise die Voraussetzungen für Smartness 2.0.

Lassen Sie uns gemeinsam dazu beitragen, dass uns gute Zeiten bevorstehen.

---

[4] Vgl. Capra (2010).
[5] Vgl. Rehn, G. (2014), S. 45.

Was Sie aus diesem Essential mitnehmen können

- Städte sind in erster Linie Menschen und benötigen die natürliche Umwelt als Existenzgrundlage
- Funktionalität und Resilienz sind die höchsten städtischen Ziele
- Technischer Fortschritt und eine urbane Energiewende sind hierfür unerlässliche Enabler
- Bildung ist eine notwendige Bedingung für zukunftsfähige Städte
- Die Smart City 2.0 kann lebenswert sein und ist ein Zukunftsmarkt mit neuen Anforderungen

© Springer Fachmedien Wiesbaden 2015   59
C. Etezadzadeh, *Smart City – Stadt der Zukunft?*, essentials,
DOI 10.1007/978-3-658-09795-0

Literatur

Andreessen M (2011) Why software is eating the world. In: The wall street journal. http://www.wsj.com/articles/SB10001424053111903480904576512250915629460. Zugegriffen: 27. Jan. 2015

ARD (2014) Spanien/Marokko: Der tödliche Zaun von Melilla [Video]. http://www.daserste.de/information/politik-weltgeschehen/weltspiegel/videos/spanien-marokko-der-toedliche-zaun-von-melilla-100.html. Zugegriffen: 16. Jan. 2015

ARD (2015) Schlachtfeld Internet [Video]. http://www.daserste.de/information/reportage-dokumentation/dokus/videos/die-story-im-ersten-schlachtfeld-internet-100.html. Zugegriffen: 30. Jan. 2015

Bähr J (2011a) Einführung in die Urbanisierung. In: Online-Handbuch Demografie. Berlin-Institut für Bevölkerung und Entwicklung. http://www.berlin-institut.org/online-handbuchdemografie/bevoelkerungsdynamik/auswirkungen/urbanisierung.html. Zugegriffen: 06. Jan. 2015

Bähr J (2011b) Ursachen für Urbanisierung. In: Online-Handbuch Demografie. Berlin-Institut für Bevölkerung und Entwicklung. http://www.berlin-institut.org/online-handbuchdemografie/bevoelkerungsdynamik/auswirkungen/urbanisierung.html. Zugegriffen: 06. Jan. 2015

Berners-Lee T (2009) The next web - TED 2009. http://www.ted.com/talks/tim_berners_lee_on_the_next_web. Zugegriffen: 30. Jan. 2015

Binsch J (2013) Biohacker implantieren Technik in den Körper. In: Die Welt. http://www.welt.de/wissenschaft/article121009364/Biohacker-implantieren-Technik-in-den-Koerper.html. Zugegriffen: 27. Jan. 2015

Broadband Commission for Digital Development (2014) The State of Broadband 2014: broadband for all. http://www.broadbandcommission.org/Documents/reports/bb-annual-report2014.pdf. Zugegriffen: 27. Jan. 2015

Bundesministerium des Innern - BMI (2009) Nationale Strategie zum Schutz kritischer Infrastrukturen. http://www.bmi.bund.de/cae/servlet/contentblob/544770/publicationFile/27031/kritis.pdf. Zugegriffen: 09. Jan. 2015

Bundesverband Informationswirtschaft, Telekommunikation und neue Medien e. V. - BITKOM, Fraunhofer-Institut für Arbeitswirtschaft und Organisation IAO (Hrsg.) (2014) Industrie 4.0- Volkswirtschaftliches Potenzial für Deutschland. http://www.bitkom.org/files/documents/Studie_Industrie_4.0.pdf. Zugegriffen: 03. Feb. 2015

© Springer Fachmedien Wiesbaden 2015
C. Etezadzadeh, *Smart City – Stadt der Zukunft?*, essentials,
DOI 10.1007/978-3-658-09795-0

Capra F (2010) Interview im Rahmen der 8. Schweizer Biennale zu Wissenschaft, Technik und Ästhetik. http://www.art-tv.ch/5213-0-Biennale-Luzern-Fritjof-Capra.html. Zugegriffen: 15. Feb. 2015

Deutsche Akademie der Technikwissenschaften – Acatech (o. D.) Dossier Sicherheit. http://www.acatech.de/sicherheit. Zugegriffen: 10. Jan. 2015

Dörner S (2014) Das Netz erklärt: Was ist Digital Detox?, in: The Wall Street Journal. http://blogs.wsj.de/wsj-tech/2014/07/27/das-netz-erklart-was-ist-digital-detox/ The wallstreet journal. Zugegriffen: 27. Jan. 2015

Etezadzadeh C (2008) Produktbotschaften - Das Auto als Botschaftsvehikel und Ausdruck meines Selbst. Dissertation, Witten-Herdecke

Etezadzadeh C (2009a) Wandel nutzen. - Was ist Business Development? http://www.thinkandgrow.de/tag/index.php/de/development/52-was-ist-business-development. Zugegriffen: 19. Jan. 2015

Etezadzadeh C (2009b) Wer denkt gedeiht! - Ganzheitliches Denken für nachhaltiges Wachstum. http://www.thinkandgrow.de/tag/index.php/de/consult/47-warum-tag-consult. Zugegriffen: 16. Jan. 2015

Europäische Kommission, Generaldirektion Regionalpolitik - COM GD REGIO (2011) Städte von morgen - Herausforderungen, Visionen, Wege nach vorn. Amt für Veröffentlichungen der Europäischen Union, Luxemburg

Fuhrer U, Josephs I (1999) Persönliche Objekte, Identität und Entwicklung. Vandenhoeck und Ruprecht, Göttingen

Gabler Wirtschaftslexikon (o. D.) Stichwort: Infrastruktur. http://wirtschaftslexikon.gabler.de/Archiv/54903/infrastruktur-v9.html. Zugegriffen: 08. Jan. 2015

GDRC Programme on Urban Governance (o. D.) Some Attributes on Urban Governance and Cities. http://www.gdrc.org/u-gov/good-governance.html. Zugegriffen: 10. Feb. 2015

GSMA (2014) The Mobile Economy 2014. http://www.gsmamobileeconomy.com/GSMA_ME_Report_2014_R2_WEB.pdf. Zugegriffen: 27. Jan. 2015

Heinzlmaier B (2012) Jugendkulturen in Zeiten von Ökonomisierung und Moralverlust. http://www.fgoe.org/veranstaltungen/fgoe-konferenzen-und-tagungen/archiv/was-kann-gesundheitsfordernde-schule-verandern/Prasentation%20Jugend%20und%20Zeitgeist_14062012.pdf. Zugegriffen: 16. Jan. 2014

International Telecommunication Union - ITU (2014). ICT Fact and Figs. 2014. http://www.itu.int/en/ITU-D/Statistics/Documents/facts/ICTFactsFigures2014-e.pdf. Zugegriffen: 27. Jan. 2015

Kurzweil R (2005) The accelerating power of technology - TED 2005. http://www.ted.com/talks/ray_kurzweil_on_how_technology_will_transform_us. Zugegriffen: 30. Jan. 2015

Lam W (2013) Global LTE Subscribers Set to More Than Double in 2013 and Exceed 100 Million. https://technology.ihs.com/419630/. Zugegriffen: 27. Jan. 2015

Lexikon der Nachhaltigkeit (o. D.). Brundtland Bericht (1987) http://www.nachhaltigkeit.info/artikel/brundtland_report_563.htm. Zugegriffen: 06. Jan. 2015

OXFAM international (2015) Richest 1 % will own more than all the rest by 2016. http://www.oxfam.org/en/pressroom/pressreleases/2015-01-19/richest-1-will-own-more-all-rest-2016. Zugegriffen: 19. Jan. 2015

Pederson P, Dudenhoeffer D, Hartley S, Permann M (2006) Critical Infrastructure Interdependency Modeling - A Survey of U.S. and International Research. http://www.inl.gov/technicalpublications/Documents/3489532.pdf. Zugegriffen: 08. Jan. 2015

Rat für Nachhaltige Entwicklung (o. D.) Was ist Nachhaltigkeit? http://www.nachhaltig-keitsrat.de/nachhaltigkeit. Zugegriffen: 06. Jan. 2015

Rehn G (2014) Sinnvoll für Mensch und Erde. In: Alnatura (2014). Ein Sinnheft zum Alnatura Jubiläum. S 45

Revi A, Satterthwaite DE (2014) Urban areas. In: Climate change 2014: Impacts, adaptation, and vulnerability. Part A: global and sectoral aspects. contribution of working group ii to the fifth assessment report of the intergovernmental panel on climate change. Cambridge University Press, Cambridge, S 535–612

Schott D (2006) Wege zur vernetzten Stadt - technische Infrastruktur in der Stadt aus historischer Perspektive. Informationen zur Raumentwicklung. In: Heft 5.2006, S. 249–257

Siemens AG (2006) Megacities und ihre Herausforderungen. http://www.siemens.com/entry/cc/features/urbanization_development/de/de/pdf/study_megacities_de.pdf. Zugegriffen: 08. Jan. 2015

UN-HABITAT (2002) Principles of Urban Governance. http://ww2.unhabitat.org/campaigns/governance/Principles.asp. Zugegriffen: 10. Feb. 2015

United Nations, Department of Economic and Social Affairs - UN/DESA (2013a) World Economic and Social Survey 2013. Sustainable development challenges. Chapter III, towards sustainable cities. United Nation, New York.

United Nations, Department of Economic and Social Affairs - UN/DESA, Population Division (2013b) World population prospects: The 2012 revision. Volume I. United Nations, New York

United Nations, Department of Economic and Social Affairs UN/DESA, Population Division (2002) World urbanization prospects: The 2001 revision. United Nations, New York

United Nations, Department of Economic and Social Affairs UN/DESA, Population Division (2014) World urbanization prospects: The 2014 revision. United Nations, New York

United Nations, Department of Economic and Social Affairs UN/DESA, Population Division. (2012) World urbanization prospects: The 2011 revision. United Nations, New York

WDR (2012). Agbogbloshie - Elektroschrott in Ghana bei WDR Planet Wissen. http://www.youtube.com/watch?v?=?qqYDWbVg2yw. Zugegriffen: 14. Jan. 2015

Werle K (2014) Self-Tracking für Manager - Blöd, dass der Körper keinen USB-Anschluss hat. http://www.spiegel.de/karriere/berufsleben/self-tracking-im-job-die-besten-self-tracking-apps-fuer-manager-a-964940.html. Zugegriffen: 27. Jan. 2015

ZVEI - Zentralverband Elektrotechnik- und Elektronikindustrie e. V. (Hrsg.) (2010). Integrated technology roadmap automation 2020 + Megacities. Frankfurt a. M.

Printed in the United States
By Bookmasters